U0298550

鱼病 诊治 彩色图谱

YUBING ZHENZHI CAISE TUPU

汪开毓 耿 毅 黄锦炉 主编

中国农业出版社

北 京

内容提要

　　本书涵盖了鱼类病毒性疾病、细菌性疾病、真菌性疾病、寄生虫性疾病、鱼类营养代谢及中毒性疾病等80多种常见疾病，每种疾病的介绍基本上包括了该病的病原（或病因）、流行病学、症状、病理变化、诊断和防治几方面的内容，并配有能反映该病主要特征的原色图片。同时，在本书的第七章还创新性地增添了包括现场诊断和实验室诊断在内的多种鱼病诊断实用技术，其中大部分技术是编写人员根据多年的生产实践经验总结出来的。希望本书能在生产实践过程中为广大水产技术推广人员和养殖基层从业人员提供帮助。

本书有关用药的声明

兽医科学是一门不断发展的学问。用药安全注意事项必须遵守，但随着最新研究及临床技术的发展，知识也不断更新，因此治疗方法及用药也必须或有必要做相应的调整。建议读者在使用每一种药物之前，要参阅厂家提供的产品说明以确认推荐的药物用量、用药方法、所需用药的时间及禁忌等。医生有责任根据经验和对患病动物的了解决定用药量及选择最佳治疗方案，出版社和作者对任何在治疗中所发生的对患病动物和/或财产所造成的损害不承担任何责任。

中国农业出版社

编 写 人 员

主　　编　汪开毓　耿　毅　黄锦炉

副 主 编　黄小丽　叶志辉　陈德芳

编　　者　(按姓名笔画排序)

　　　　　王　均　邓永强　叶仕根　叶志辉　牟巧凤

　　　　　杜宗君　何　敏　汪开毓　陈德芳　苗常鸿

　　　　　郑宗林　钟妮娜　耿　毅　黄小丽　黄凌远

　　　　　黄锦炉　颜其贵

编著者简介

汪开毓，男，汉族，56岁，博士，教授，博士生导师，四川省学术与技术带头人，农业部兽药典委员会委员，农业部新兽药评审委员会委员，中国动物病理学分会常务理事，中国鱼病研究会委员，四川省水产学会副理事长，四川省鱼病研究会主任。主要从事动物病理学与水生动物病害学的教学与研究工作，在 *Journal of Fish Diseases*、*Parasitology Research*、*The Israeli Journal of Aquaculture*、*Transboundary and Emerging Diseases*、《水生生物学报》、《中国水产科学》、《水产学报》、《动物营养学报》和《中国兽医科学》等期刊上发表论文180余篇，编写教材与著作11部，获省部级科技进步二等奖2项、三等奖5项。

耿毅，男，汉族，36岁，博士，副教授，硕士生导师。主要从事兽医病理学与水产动物疾病学的教学与科研工作。在 *The Israeli Journal of Aquaculture*、*Transboundary and Emerging Diseases*、*Aquaculture*、《水生生物学报》、《中国兽医学报》、《微生物学报》、《中国兽医科学》、《动物营养学报》和《海洋与湖沼》等期刊上发表论文40余篇，副主编与参编专著5部，获四川省科技进步三等奖1项。

黄锦炉，男，汉族，29岁，博士。研究方向为水生动物病害防治，在《海洋与湖沼》、《中国水产》、《大连海洋大学学报》等期刊上发表论文多篇，参编著作3部。

前　言

　　新中国成立以来，我国不仅成功解决了水产品的有效供给问题，而且走出了一条以养为主的渔业发展道路，成为全球水产养殖大国和水产品出口大国。水产品总产量连续20年位居世界第一，占到全球水产品总量的70%。水产养殖业的发展为我国人民提供了品种繁多、数量充盈的水产品，水产养殖品进出口贸易额也占到了农业出口的20%以上，出口创汇额在农业内部各产业中排名第一。它在减轻农村贫困、改善生计、保障粮食安全、维护自然和生物资源的和谐统一及保持环境的可持续性方面起着重要的作用。但随着我国水产养殖业的迅速发展，各类水产病害迅猛增长，每年因病害所造成的直接经济损失达数百亿元，水产养殖动物的疾病问题已成为制约我国水产养殖可持续发展的一个重要因素。为满足水生动物疾病学的教学和广大水产病害工作者临诊工作的需要，方便广大农业院校师生和水产病害从业者对鱼类常见疾病的临床症状、病理变化有直观形象的认识，提高疾病临诊的准确性，我们在多年的教学与生产实践中，收集了一些图片，辅以精练的文字说明，编著成本图谱。

　　本书是在中国农业出版社的大力支持下编著的，内容主要包括淡水鱼类、蛙、鳖和大鲵等淡水养殖品种常见疾病的特征性症状、眼观病变、流行特点和防治方法等。书中收集了作者和作者的同事们多年来从事水产病害防治研究所拍摄的大量病变和病原的原色图片，同时收集了国内外出版的一些具有影响力的水产病害专著中的经典图片，收集的原色图片总量500多幅。每种疾病除以图片显示主要病变外，还配有精练的文字说明，简述其病原、流行情况、症状与病理变化、诊断和防治方法等，并配套编写了十几种实用诊断技术，为广大水产从业者在生产实践中提供诊断依据和有效的防治方法，从而提高我国广大水产从业者疾病诊断能力，以期为我国水产养殖业健康发展做出积极贡献。

尽管我们在编写中做了大量努力，但由于客观条件的限制，书中所收集的疾病种类远未达到国内外已报道的疾病总数，同时一些养殖品种也未涉及，特别是虾、蟹、贝和海水养殖鱼类，这是作者遗憾之处，只有在今后逐步完善。

由于我们的水平和条件有限，书中的不妥和遗漏之处在所难免，敬请广大读者和专家批评指正，以便再版更加完善。

编著者

2011年1月

目　录

鱼病诊治彩色图谱

鱼病的发生、诊断与防治要点

鱼病是指当病因作用于鱼类机体后，引起鱼体的新陈代谢失调、组织器官发生病理变化以及鱼体的正常生命活动受到扰乱的现象。鱼类从外界环境中得到机体所需要的生活条件，若外界环境发生较大改变时，可引起鱼类发生疾病。由于鱼类疾病的发生不是孤立的单一因素作用的结果，而是外界条件和内在的机体自身的抗病力相互作用的结果。因此，了解鱼病的发生原因和条件，对鱼病的诊断与防治具有重要意义。以下，为了配合本图书的编写内容，编者从鱼病的发生、诊断和防治三个方面进行简要的总结，以方便读者对全书内容更好的理解。

一、鱼病发生的原因和条件

影响鱼类生病的原因和条件有很多，归纳起来，主要有外界因素和自身因素两方面。

1. 外界因素

鱼类是变温动物，水体的各种理化因素对鱼类的生活、繁殖具有特殊的作用。其中水温、溶解氧、pH以及水中的化学成分、有毒物质及其含量的变化等在内的多种因素是最常见的。

（1）水温　不同种类以及不同发育阶段的鱼，对水温有不同的要求。在适温范围内，水温变化的影响主要表现在鱼类呼吸频率和新陈代谢的改变。即使在适温范围内，如遇寒潮、暴雨、换水、转池等使水温发生巨大变化时，也会给鱼类带来不良影响，轻则发病，重则死亡。水温突变对幼鱼的影响更大，如初孵出的鱼苗只能适应±2℃的温差，6cm左右的小鱼能适应±5℃范围的温差，超过这个范围就会发病或死亡。

（2）溶解氧　水中的溶解氧为鱼类生存所必需。一般情况下，溶解氧需在4mg/L以上，鱼类才能正常生长。实践表明，溶解氧含量高，鱼类对饲料的利用率亦高。当溶解氧低于2mg/L时，一般养殖鱼会因缺氧而浮头，长期浮头的鱼生长不良，还会引起下颌的畸变。若溶解氧低于1mg/L时，鱼就会严重浮头，以致窒息死亡。但溶解氧亦不宜过高，水体中溶解氧达到过饱和时，就会产生游离氧，形成气泡上升，从而引发鱼苗、鱼种的气泡病。

（3）pH　养鱼水体要求pH在6.5～8.5之间，pH过低和过高对鱼类都不利，pH偏低，即在酸性的水环境下，细菌、大多数藻类和浮游动物发育受到影响，代谢物质循环强度下降，鱼虽可以生活，但生长缓慢，物质代谢降低，鱼类血液中的pH下降，其载氧能力下降，从而影响养殖鱼的产量。pH过高的水会腐蚀鱼体的鳃和皮肤，影响鱼的新陈代谢，严重时可造成死亡。

（4）氨氮和亚硝酸盐　养殖水体中氨氮的主要来源是沉入池底的饲料、鱼排泄物、肥料和动植物死亡的遗骸等，氨氮浓度过高会影响鱼类的生长速度，甚至发生中毒并表现为与出血性败血症相似的症状，引起死亡。养殖水体中的亚硝酸盐主要来自于水环境中有机物分解的中间产物，当氧气充足时可转化为对鱼毒性较低的硝酸盐，当缺氧时转为毒性强的氨氮。亚硝酸盐对鱼类的危害主要是其能与鱼体血红素结合成高铁血红素，由于血红素的亚铁被氧化成高铁，失去与氧结合的能力，致使血液呈红褐色，随着鱼体血液中高铁血红素的含量增加，血液颜色可以从红褐色转化呈巧克力色。由于高铁血红蛋白失去运载氧气的能力，鱼类可因缺氧而发生死亡。因此，一般情况下，养殖水体中亚硝酸盐浓度应控制在0.1mg/L以下，鲤科鱼类最好控制在0.05mg/L以下。

（5）水中化学成分和有毒物质 正常情况下，水中化学成分主要来自土壤和水流。钠（Na）、钾（K）、钙（Ca）、铁（Fe）、镁（Mg）、铝（Al）等常见元素和SO_4^{2-}、NO_3^-、PO_3^{3-}、HCO_3^-、SiO_3^{2-}等阴离子，是生物体生活、生长的必需成分；而汞（Hg）、锌（Zn）、铬（Cr）等元素若含量超过一定限度，就会就对鱼类产生毒性。一些有机农药和厂矿废水中，往往也含有某些有毒有害物质，一旦进入水体，会使渔业受到巨大损失。

（6）机械性损伤 在捕捞、运输和饲养过程中，常因使用的工具不合适，或操作不慎而给鱼类带来不同程度的损伤，严重的还可造成鱼体肌肉深处的创伤，甚至继发感染水霉等真菌性病原。

（7）生物性病原感染 一般常见的鱼病，多数是由各种生物（包括病毒、细菌、真菌、寄生虫和藻类等）传染或侵袭鱼体而导致的。据统计，生产上由细菌性病原引起的鱼病最常见，且具有流行面积广、造成的损失大、传染快等特点，近年来新型细菌性病原引起的疾病也呈频发态势。

（8）其他原因 放养密度不当或混养比例不合理也可引起鱼类发病。放养过密，就必然造成缺氧和饲料利用率降低，从而引起鱼的生长快慢不匀，大小悬殊。瘦小的鱼，也极易因此而发病死亡。在饲养管理方面，人工投饵不均，时投时停，时饱时饥，也是致使鱼类发病的原因。

2. 自身因素

鱼体是否生病，除了环境条件、病原体数量及病原入侵途径以外，主要还取决于鱼体本身，即鱼体免疫力的强弱。在一定的外界条件下，鱼体对疾病具有不同的抗病力，例如青鱼、草鱼患出血病，同池的鲢、鳙从不发病。某种流行病的发生，在同一池塘中的同种类、同龄鱼，有的严重患病而死亡，有的轻度感染而后逐渐自行痊愈，而有的则根本不患病。鱼类的这种抗病能力是由机体本身的内在因素决定的，主要表现在抗体、补体、干扰素以及白细胞介素等理化因子的产生，白细胞的数量及鱼的种类、年龄、生活习性和健康状况等方面。因此，鱼病的发生，不是孤立的单一因素，而是外界条件和内在的机体本身的抗病能力相互作用的结果，要综合地加以认真分析，才能正确找准鱼病发生的原因。

二、鱼类疾病的诊断

1. 现场调查

对鱼类疾病进行诊断时，现场发病情况调查对疾病的准确诊断具有重要的作用。现场调查主要有以下几方面的内容：

（1）调查发病环境 发病池塘环境包括周围环境和内环境。前者是指了解水源有没有污染和水质情况、池塘周围有哪些工厂、工厂排放的污（废）水含有哪些对鱼类有毒的物质，这些污（废）水是否经过处理后排放，以及池塘周围的农田施药情况等。后者是指池塘水体环境、水的酸碱度、溶解氧、氨氮、亚硝酸盐和水的肥瘦变化等。周围环境和内环境都是造成鱼病发生的主要原因。因此，调查水源、水深、淤泥，加水及换水情况，观察水色早晚间变化，池水是否有异味，测定池水的pH、溶氧、氨氮、亚硝酸氮、硫化氢等都是必不可少的工作。

（2）调查养鱼史、继往病史与用药情况等　了解养殖史，新塘发生传染病的几率小，但发生弯体病的几率较大；药物清塘情况，包括使用药物的种类、剂量以及清塘后投放鱼种的时间，鱼种消毒的药物和方法；近几年的常发鱼病，它们对鱼的危害程度和所采取的治疗及其效果；本次发病鱼类的死亡数量、死亡种类、死亡速度、病鱼的活动状况等均应仔细了解清楚。

（3）调查饲养管理情况　鱼类发病，常与管理不善有关，例如施肥量过大、商品饲料质量差、投喂过量等，都容易引起水质恶化，产生缺氧，严重影响鱼体健康，同时给病原体以及水生昆虫和其他各种敌害的加速繁殖创造条件；反之，如果水质较劣，饲料不足，也会引起跑马病等疾病。投喂的饲料不新鲜或不按照"四定"（定量、定质、定时、定位）投喂，鱼类很容易患肠炎。由于运输、拉网和其他操作不小心，也很容易使鱼体受伤、鳞片脱落，使细菌和寄生虫等病原侵入伤口，引发多种鱼病，如赤皮病、水霉病等。因此，对施肥、投饲量、放养密度、规格和品种等都应用详细了解。此外，对气候变化、敌害（水兽、水鸟、水生昆虫等）的发生情况也应同时进行了解。

2. 现场简易诊断

鱼类发病时，鱼体的头部、体表、鳍条、鳃以及内脏器官等部位都可能会伴有相应的症状。如果养殖户能够通过对这些症状的初步分析，再结合现场的简易诊断，是极其有利于疾病诊断的。在条件允许时，养殖户只要配备部分专业器械（如手术剪、手术刀、酒精灯等），即可对发病鱼进行现场的初步诊断。由于不同鱼种发病时的诊断以及不同类型的鱼病在诊断方法上是有区别的，因此具体操作请参考第七章鱼类诊断实用技术的第五小节。

3. 实验室诊断

现场初步诊断后，对于某些需要进一步确诊的病例，在实验室条件下可遵照一定程序步骤对病例进行相关处理，然后通过对病原的分离鉴定、病理组织学诊断，或是通过免疫学和分子生物学诊断技术等方法进行确诊。具体操作请参考第七章鱼类诊断实用技术第六至十四小节。

三、鱼病的防治

由于鱼类生活在水中，发病后，早期诊断困难。与此同时，治疗也比其他的陆生养殖动物的难度大很多，畜、禽等发病后可采取一系列的治疗方法和护理，如拌料内服、灌服、注射、隔离，甚至输液等，而对于鱼类则不能进行输液治疗，注射治疗不仅工作量大，而且会因拉网等操作常使鱼体受伤；拌饵投喂法对食欲废绝的鱼表现出无能为力，对于尚能吃食的病鱼，由于抢食能力差，往往也由于没有获得足够的药量而影响疗效；全池泼洒法和浸泡法在生产当中施药方便，但仅适用于小水体，对大水体如湖泊、水库等养殖方式难以施用。因此，养殖鱼类一旦发病，往往导致较为严重的损失，由此可见，坚持"防重于治"，"无病先防，有病早治"的方针，在水产养殖业中就显得更加重要。

1. 加强饲养管理

（1）彻底清池和网箱管理　清池包括清除池底污泥和池塘消毒两个内容。育苗池、养成池、暂养池或越冬池在放养前都应清池。育苗池和越冬池一般都用水泥建成。新水泥池在使用前1个月左右就应灌满清洁的水，浸出水泥中的有毒物质，浸泡期间应隔几天换一次水，反复浸洗几次以后才能使用。已用过的水泥池，在再次使用前只要彻底洗刷，清除池底和池壁污物后，再用1/10000左右的高锰酸钾或漂白粉精等含氯消毒剂溶液消毒，最后用清洁水冲洗，就可灌水使用。经过一个养殖周期的池塘，在底泥中沉积有大量残饵和粪便等有机物质，形成厚厚的一层黑色污泥，这些有机质腐烂分解后，不仅消耗溶解氧，产生氨、亚硝酸盐和硫化氢等有毒物质，而且成为许多种病原体滋生基地，因此应当在养殖的空闲季节即冬或春季将池水排干，将污泥尽可能地挖掉。放养前再用药物消毒。消毒时应在池底留有少量水，盖过池底即可，然后用漂白粉精，按每立方米水体 20 ～ 30g 或漂白粉 50 ～ 80g，溶于水中后均匀泼洒全池，过 1 ～ 2 天后灌入新水，再过 3 ～ 5 天 后就可放养。对于某些疫病暴发过后池子的清理，可具体参考各章节的防治方法中的详细介绍。

使用网箱养殖时，在鱼种进箱前，网箱需提前下水安置，使网箱附上一定的藻类，这样网线就变得光滑，避免了鱼种刚进箱时对环境不适应而到处游窜，与网箱四周发生摩擦，从而造成鱼种损伤，防止水霉病的发生。同时使用高锰酸钾，一次量为每立方米水体 10 ～ 20g，浸泡 10 ～ 15min 进行消毒，降低寄生虫性病原和霉菌病原的滋生。养殖过程中，也要定期进行消毒，以杀灭附着在网箱上的藻类，避免过度生长的藻类堵塞了网眼从而影响水流交换。

（2）保持适宜的水深和优良的水质及水色　水深的调节：在养殖的前期，因为养殖动物个体较小，水温较低，池水以浅些为好，有利于水温回升和饵料生物的生长繁殖。以后随着养殖动物个体长大和水温上升，应逐渐加深池水，到夏秋高温季节水深最好达 1.5m 以上。

水色的调节：水色以淡黄色、淡褐色、黄绿色为好，这些水色一般以硅藻为主。淡绿色或绿色以绿藻为主，也还适宜。如果水色变为蓝绿、暗绿，则蓝藻较多；水色为红色可能甲藻占优势；黑褐色，则溶解或悬浮的有机物质过多，这些水色对养殖动物都不利。

透明度的大小：主要说明浮游生物数量的多少，以 40 ～ 50cm 为好。

换水：换水是保持优良水质和水色的最好办法，但要适时适量才有利于鱼类的健康和生长。当水色优良，透明度适宜时，可暂不换水或少量换水。在水色不良或透明度很低，或养殖动物患病时，则应多换水、勤换水。

（3）放养健壮的种苗和适宜的密度　放养的种苗应体色正常，健壮活泼。放养密度应根据池塘条件、水质和饵料状况、饲养管理技术水平等，决定适当密度，切勿过密。

（4）饵料应质优量适　质优是指饵料及其原料绝对不能发霉变质，饵料的营养成分要全，特别不能缺乏各种维生素和矿物质。量适是指每天的投饵量要适宜，每天的投喂量要分多次投喂。

（5）改善生态环境　人为改善池塘中的生物群落，使之有利于水质的净化，增强养殖动物的抗病能力，抑制病原生物的生长繁殖。如在养殖水体中使用水质改良剂、益生菌、光合细菌等。

（6）细心操作　在对养殖鱼类捕捞、搬运及日常饲养管理过程中应细心操作，不使鱼类受伤，因为受伤的个体最容易感染细菌。

（7）防止病原传播　对于生病的和带有病原的鱼体要尽快打捞起，并进行隔离；病死或已无可救药的鱼，应及时捞出并深埋他处或销毁，切勿丢弃在池塘岸边或水源附近，以免被鸟兽或雨水带入养殖水体中。已发现有疾病的鱼体在治愈以前不应向外引种。在已发生鱼病的池塘或是网箱中用过的工具应当用适当浓度剂量的漂白粉、硫酸铜或高锰酸钾等溶液消毒，或在强烈的阳光下晒干，然后才能用于其他池塘或网箱。有条件的也可以在发生鱼病的池塘或网箱中设专用工具。

2.抗病育种

种质是水产健康养殖的物质基础，亲鱼质量、苗种质量的好坏直接关系到水产养殖生产的成败，并在一定程度上关系到水产品质量的好坏。利用某些养殖品种或群体对某种疾病有先天性或获得性免疫力的原理，选择和培育抗病力强的苗种作为放养对象，可以达到防止该种疾病的目的。最简单的办法是从生病池塘中选择始终未受感染的或已被感染但很快又痊愈了的个体，进行培养并作为繁殖用的亲体，因为这些鱼类的本身及其后代一般都具有了免疫力。因此应加强鱼类的育种，做好良种场建设，定期引种，亲本更新，种质保护和种质改良，定向培育优良苗种，为商品鱼生产提供良种。随着生物技术的飞速发展，鱼类一些抗病基因也逐渐被人们发现，并已被成功地克隆出来。由此可推断，在未来通过基因重组技术获得抗病力、生长、繁殖性能等特性增强，而且体色、肉质、风味、体型等特性不变的优良新品种成为可能，这些新品种的推广必将为防治和减少我国鱼类疾病产生重要作用。

3. 环境修复

水环境是鱼类赖以生存的条件，也是病原微生物滋生的场所。水环境的好坏是决定鱼类是否能健康、快速生长和繁殖的根本条件。这就要求我们对鱼类的生理特点、生活习性，所需的生态环境条件及与其他生物种群之间的关系了解清楚，科学、合理布局养殖区，不能只出于经济利益上的考虑，盲目扩大放养密度、强化投饲、滥用药物，这样不仅会破坏水体的生态平衡，也会严重影响水体的自净能力。应使用正确的方法如物理方法、化学方法或生物方法等来修复或改善养殖生态环境，创造适宜鱼类生存的良好生态条件，确保鱼类的健康生长。实践证明高密度放养会增加疾病发生的几率，故放养密度不宜过大。

4. 加强检疫和监测

检疫是对养殖水产动物的病害采取预防、控制或消灭的一项重要对策及措施。同时检疫作为一种贸易的技术壁垒，是对产品质量的认可，是健康食品的保证，我国水产品要进入国外市场，必须通过提高产品的质量以达到符合国际食品的卫生标准这一关键环节来实现。随着我国鱼类养殖规模的迅速扩大，部分鱼类亲本从国外引进，地区间亲本和苗种等跨区域交换日益频繁，若不加强疾病的检疫和监测，可能会导致新病的感染传播，因此在鱼病防疫管理上首先要做好的是严格检疫。

5. 免疫预防

（1）免疫增强剂 许多试验表明，在饲料中添加一些免疫增强剂可以明显提高鱼类的免疫力和抗病力，如酵母多糖、黄芪多糖等都是常用的免疫增强剂。另外一些植物多糖保健剂能有效地提高鱼体免疫力、增强鱼体抵抗力、提高鱼体成活率，对鱼类败血症、细菌性出血症、腹水症等细菌性疾病在内的多种疾病具有较好的防御作用，有效减少感染发病，有效促进健康生长。

（2）疫苗 药物在疾病的防控中发挥着重要作用，但由于其残留、耐药性等负面效应的影响，已逐步表现出了阻碍水产养殖业持续发展的作用。因此免疫预防疾病就显得尤为重要。从医学角度上讲，对传染性疾病的预防应以免疫疫苗效果最佳，特别是对药物难以防治的病毒病和菌株易产生耐药性的细菌病。从20世纪40年代至今，国内外广大的专家学者通过鱼体的免疫试验，也不断的向人们证实有效的疫苗免疫不但可以保护鱼的健康，也可以避免由于使用药物而带来的药物残留和导致病原菌的耐药性产生等问题。目前已有多种疫苗在使用，如草鱼出血病、嗜水气单胞菌病和弧菌病等疫苗。近年来，一些单位正在利用生物技术研制基因工程疫苗，并根据水生动物的特点，在免疫途径和免疫增强剂等方面进行研究，并已取得初步进展。

6. 药物防治

当前除了通过免疫方法防治疾病外，使用药物防治鱼类疾病仍然是不可缺少的途径。可选用的药物有化学药物、中草药和微生态制剂等，可以根据不同的疾病情况和防治目的灵活选用和配合使用。但应注意对症下药，杜绝经验用药、滥用药物，禁止使用禁用药物（如氯霉素、呋喃唑酮、孔雀石绿、硝酸亚汞等），抗生素使用后应严格执行休药期，避免水产动物体内残留的药物对人体造成危害。近年来，我国某些淡水鱼类品种由于苗种品质退化，病害频发使得药物使用泛滥，从而导致药物残留超标，出口受阻，内销比例逐渐增大，从而影响了行业的健康稳定的发展。

（1）化药　化药有外用药物（消毒药和杀虫药）和内服药物，外用消毒药和杀虫药主要进行水体和鱼体消毒，杀死水环境中和鱼体表的病原菌和寄生虫，尤其是对于无鳞鱼而言，在选择外用消毒药时应有所区别，应选择刺激性小的药物（如二氧化氯）。通过药物敏感性试验，合理选用内服抗菌药物是决定药物防治细菌性疾病成败的关键。我们近年来对分离到的病原菌进行了大量的药物敏感性实验，证实包括萘啶酸、氟哌酸、氧氟沙星、庆大霉素、丁胺卡那和强力霉素、氟苯尼考等药物对鱼类大多数细菌性病原都是比较敏感的。

（2）中草药　中草药属天然药物，在长期的应用和研究中，我国已经积累了丰富的经验。利用中草药来防治鱼类疾病越来越倍受人们的重视。概括地说，中草药防治疾病具有以下几个优点：一是药效稳定、持久，而且对水体、鱼体等的副作用较小；二是作用广泛，中药不但对鱼类的细菌感染有效，而且对驱杀寄生虫和某些病毒感染也有效，同时副作用小；三是无耐药性，无公害。但长期以来使用传统方法制作的中草药含量低、疗效差，因而在生产上未得到很好的推广应用。目前，应用现代技术开发天然药物是一个发展方向，例如采用超微粉碎等技术制备微米、纳米中药；对中草药进行化学提取，追踪有效成分等新技术的运用，将大大增强中草药对于防治鱼类疾病所发挥的作用。

7.微生态制剂

微生态制剂的使用极大地丰富了我国水生动物疾病的防治技术，在净化水质、改善水体环境、提高鱼体免疫力、抑制有害菌群的生长等方面有独特的作用，而且价格低、生产工艺简单、使用方便、无污染，深受养殖户欢迎。其中蛭弧菌对水体中的细菌有很强的清除作用，能净化养殖水体的病菌污染。噬菌蛭弧菌是寄生于其它细菌的一类细菌，它能使其他细菌发生裂解，消灭细菌从而起到防病的目的。噬菌蛭弧菌在自然界分布很广，从自然水域、污水及土壤中均可分离到。由于噬菌蛭弧菌能裂解多种细菌以及特殊的生活方式而使之具有生态学优势，故被认为是自然净化生物因子之一。自1962年噬菌蛭弧菌被Stolp和Petzold首次发现以来，在农业、畜牧业和卫生等领域应用噬菌蛭弧菌进行疾病的生物防治研究取得了很多成果。除了蛭弧菌可以对鱼类传染性疾病起到防治作用外，还可以利用光合细菌、芽孢杆菌等增氧、降低氨氮或使用生物絮凝剂净化水质等起到预防疾病的作用。

第一章

鱼类病毒性疾病

一、草鱼出血病 (Grass carp hemorrhagic disease)

该病是一种严重危害当年草鱼鱼种的病毒性传染病，具有流行广、危害大、死亡率高、发病季节长等特点。该病于20世纪70年代初期在我国发生，现已经成为一种严重危害草鱼养殖的疾病。

病原　该病病原为草鱼呼肠孤病毒，又称草鱼出血病病毒，为双链RNA病毒。病毒颗粒呈二十面体的球形，直径70～80nm，具双层衣壳，无囊膜（图1-1、图1-2）。病毒粒子可在GCO、GCK、CIK、ZC-7901、PSF及GCF等草鱼细胞株内增殖，并出现细胞病变。

流行病学　该病流行范围广，在湖南、湖北、广东、广西、江西、福建、江苏、浙江、安徽、上海、四川等地均有流行。主要危害草鱼与青鱼，尤其是体长7～10cm的当年鱼种，不感染鲢、鳙、鲤、鲫、鳊等鱼类。该病流行季节在6～9月，8月为流行高峰，一般发病水温在23～33℃，最适流行水温为27～30℃，20℃以下病鱼呈隐形感染。潜伏期一般为3～10天，死亡率为70%～80%。带毒鱼是主要传染源。

症状　病鱼食欲减退，体色发黑，尤其以头部最为明显。全身性出血是该病的重要病变特点，根据病鱼所表现的临床症状及病变，一般分为三种类型：①"红肌肉"型：以肌肉出血为主，与此同时鳃瓣因严重失血，呈"白鳃"，而外表无明显的病变（图1-3、图1-4）。②"红鳍红鳃盖"型：以体表出血为主，口腔、下颌、鳃盖、眼眶四周以及鳍条基部明显充血和出血（图1-5至图1-7）。③"肠炎"型：以肠道充血、出血为主，肠道全部或局部呈鲜红色（图1-8、图1-9）。这三种类型在临床上可能单独出现，也可能相互混杂出现。

病理变化　该病的病理组织学特点为全身毛细血管内皮细胞受损，血管壁通透性增加，引起广泛性毛细血管和小血管出血及微血栓形成，由于血液循环障碍，导致全身多组织多脏器变性、坏死，最终病鱼因全身多组织多脏器功能障碍而死亡。

诊断　根据临诊症状、病理变化及流行情况进行初步诊断，但要注意以肠出血为主的草鱼出血病和细菌性肠炎病的区别：活检时前者的肠壁弹性较好，肠腔内黏液较少，严重时肠腔内有大量红细胞及成片脱落的上皮细胞；后者的肠壁弹性较差，肠腔内黏液较多，严重时肠腔内有大量渗出液和坏死脱落的上皮细胞，红细胞较少。确诊需采用酶联免疫吸附试验（ELISA）、葡萄球菌A蛋白协同凝集试验及RT-PCR等。

防治　对于该病目前尚无特别有效的治疗方法，主要是预防。免疫预防：当年鱼种在6月中、下旬，规格达到6cm左右，即可进行灭活疫苗腹腔注射0.2～0.3mL；或采用高渗浸浴，即夏花草鱼先在2%～3%盐水中浸浴2～3分钟，然后放入$10^{3.5}$～$10^{5.5}$半数细胞病变剂量/毫升疫苗液中浸浴5～10分钟，有较好的预防效果。流行季节用含氯石灰（漂白粉）或三氯异氰脲酸粉，一次量分别为每立方米水体1～1.5g、0.3～0.5g，全池泼洒，每15天1次。治疗：发病时可用大黄、黄芩、黄柏、板蓝根和食盐，一次量分别为每千克饲料4g、4g、4g、4g和3.5g，粉碎，拌饲投喂，每天2次，连用7～10天，有一定效果。

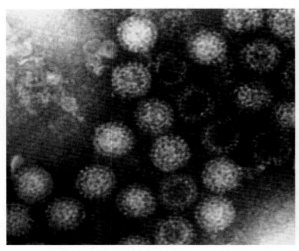

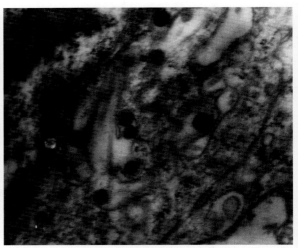

图1-1　草鱼呼肠孤病毒呈球形，双层衣壳，无囊膜　　　　　　　　　　　（仿　江育林）

图1-2　肾脏间质组织细胞中的分散的病毒粒子

图1-3　患病草鱼肌肉严重充血、出血

图1-4　患病草鱼肌肉严重出血

图1-5　患病草鱼鳃盖、胸鳍出血

图1-6　患病草鱼臀鳍、尾鳍出血

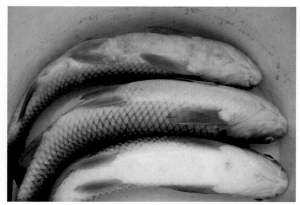

图1-7　患病草鱼鳍条、体表出血，最下面的为健
　　　康草鱼　　　　　　　　（黄志斌 赠）

图1-8　患病草鱼肠道明显充血、出血

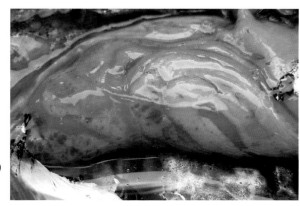

图1-9　患病草鱼肝脏和肠道明显出血
　　　　　　　　　　　　　　（黄志斌 赠）

二、鲤痘疮病（Pox of carp）

该病是由疱疹病毒引起的一种主要危害鲤、鲫的病毒性传染病。其特征是在鱼体表出现大量灰白色石蜡样增生物。

病原　该病病原为鲤痘病毒，病毒颗粒近似球形，直径140～160nm，有囊膜的DNA病毒（图1-10），对乙醚及热不稳定，在FHM、MCT及EPC等细胞系上均能生长，并出现细胞病变。

流行病学 该病最早于1563年开始流行于欧洲，目前在我国上海、湖北、云南、四川等地均有发生，以前认为该病危害不大，但近年来有引起大量死亡的报道。该病流行于冬季及早春低温（10～16℃）时，水质肥的池塘、水库和高密度的网箱养殖流行较为普遍，当水温升高后会逐渐自愈。该病通过接触传染，也有人认为单殖吸虫、蛭、鲺等可能是传播媒介。

症状 疾病早期病鱼体表出现乳白色小斑点，并覆盖一层很薄的白色黏液，随着病情的发展，白色斑点的大小和数目逐渐增加、扩大和变厚，其形状及大小各异，直径可从1cm左右增大到数厘米或更大些，厚1～5mm，严重时可融合成一片灰白色石蜡样增生物（图1-11至图1-13）。这种增生物既可自然脱落，又能在原患部再次出现新的增生物。病鱼生长性能下降，表现为消瘦、游动迟缓，甚至死亡。

病理变化 病理组织学检查，增生物为上皮细胞及结缔组织增生形成，在一些上皮细胞内可见包涵体（图1-14）。增生物不侵入真皮，也不转移。电子显微镜下在增生的细胞质内可以见到大量的病毒颗粒，病毒在细胞质内已经包上了囊膜。

诊断 根据病鱼体表出现石蜡状增生物的特征性病变，结合病理组织学检查，见增生物为上皮细胞及结缔组织异常增生，一些上皮细胞内出现包涵体可初步诊断；确诊须进行鲤痘病毒分离鉴定。

防治 预防：非疫区应严格执行检疫制度，杜绝该病的传入；流行地区改养对该病不敏感的鱼类，发病鱼放入含氧量高的清洁水（流动水更好）中，体表增生物会自行脱落。治疗：发病时用银翘和板蓝根或单味板蓝根，一次量分别为每千克饲料3.2～4.8g或8～16g，每天2次，连用4～6天，有一定疗效。

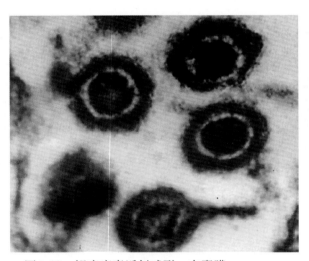

图1-10 鲤痘病毒近似球形，有囊膜

（仿 江育林）

图1-11 患病鲤体表出现大量石蜡样增生物

图1-12 患病鲤尾鳍、背鳍与鳞片上出现石蜡样
增生物

图1-13　患病鲤尾鳍上出现大量灰白色增生物
（仿 江育林）

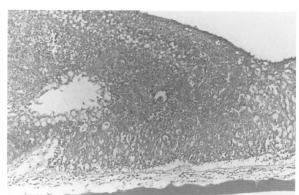

图1-14　增生灶内见大量多层次的上皮细胞增生
（H.E×200）

三、斑点叉尾鮰病毒病 （Channel catfish virus disease）

该病是由疱疹病毒引起的斑点叉尾鮰的一种接触性传染病，主要危害不到1龄、体长小于15cm的苗种，成鱼隐性感染，成为带毒者。

病原　该病的病原为斑点叉尾鮰病毒，只有一个血清型。病毒颗粒有囊膜，呈二十面体，双链DNA，直径175～200nm（图1-15）。该病毒仅能在BB、GIB、CCO和KIK等细胞株上生长，生长温度范围为10～35℃，最适温度为25～30℃。

流行病学　该病最早于1968年在美国发生，现在已成为危害世界各国斑点叉尾鮰养殖最主要的传染病之一。在20～30℃水温范围内流行，在此温度范围内随水温的升高，发病率和死亡率升高；水温低于15℃，几乎不会发生。带毒鱼是主要传染源，可通过水平和垂直两种方式传播。

症状　病鱼食欲下降，甚至不食，离群独游，反应迟钝，部分病鱼尾向下，头向上，悬浮于水中，出现间隙性的旋转游动，最后沉入水底，衰竭而死。病鱼鳍条基部、腹部和尾柄基部充血、出血，腹部膨大，眼球单侧或双侧性外突，肛门红肿（图1-16至图1-18）。剖解病鱼见腹腔内有大量淡黄色或淡红色腹水，胃肠道内空虚，没有食物，充满淡黄色的黏液或气体（图1-19）；心、肝、肾、脾和腹膜等内脏器官出血。

病理变化　组织学上，肾间造血组织及肾单位弥漫性坏死，同时伴有出血和水肿（图1-20）；肝淤血、出血，肝细胞变性与灶性坏死（图1-21），偶尔在肝细胞内可见嗜酸性胞浆包涵体；胃肠道黏膜层上皮细胞变性、坏死。神经细胞空泡化及神经纤维水肿。

诊断　根据流行病学、症状与病理变化进行初步诊断，确诊需采用免疫荧光抗体技术和PCR等方法。

防治　该病尚无有效的治疗方法，重在预防。消毒与检疫是控制斑点叉尾鮰病毒病流行的最有效方法，氯消毒剂在有效氯含量

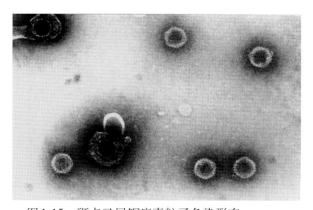

图1-15　斑点叉尾鮰病毒粒子负染形态
（仿 Wolf K）

20～50mg/L时，可很好杀灭斑点叉尾鮰病毒；严格执行检疫制度，控制斑点叉尾鮰病毒病从疫区传入非疫区。避免用感染了斑点叉尾鮰疱疹病毒的亲鱼产卵进行繁殖。发病时，应注意保持好的水质，溶氧应尽量保持在5mg/L以上，同时在饵料中适当添加抗生素，如强力霉素、氟哌酸和氟苯尼考等，防止细菌继发感染，以降低病鱼的死亡率。

图1-16　患病斑点叉尾鮰腹部膨大、出血　　　　　　　　　　　　　（仿 Plumb）

图1-17　患病斑点叉尾鮰腹部膨大，眼球突出

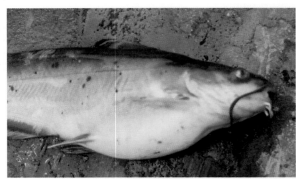

图1-18　患病斑点叉尾鮰腹部肿大，眼球突出、
　　　　充血、出血

图1-19　患病斑点叉尾鮰肠腔内充满大量气体，
　　　　肠壁变薄

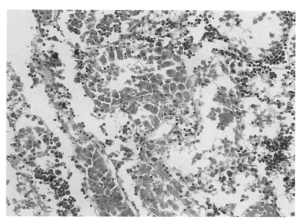 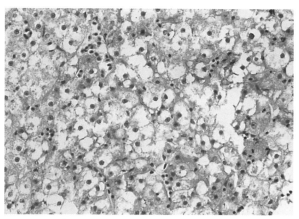

图1-20　患病斑点叉尾鮰肾小管上皮细胞变性、　　图1-21　患病斑点叉尾鮰肝细胞严重水泡变性与
　　　　坏死，肾间造血组织坏死（H.E ×400）　　　　　　　坏死（H.E ×400）

四、锦鲤疱疹病毒病（Koi herpesviras disease）

该病是锦鲤疱疹病毒引起的一种仅危害鲤与锦鲤的传染病。1998年该病首次在以色列发生，以后在瑞典、英国、德国、美国、印度尼西亚、日本和中国台湾等十几个国家和地区传播与流行。

病原　锦鲤疱疹病毒属于疱疹病毒科，为双链DNA病毒，有囊膜，与其同科的斑点叉尾鮰病毒病有免疫交叉反应。

流行病学　病毒的致病性具有水温依赖性，病毒的最适生存温度为18～27℃。其发病水温主要在23～28℃之间。

症状　病鱼游动缓慢，甚至停止游动，皮肤上出现苍白的斑块和水疱，全身多处明显出血，特别是嘴、腹部和尾鳍最为明显（图1-22、图1-23）；鳃丝腐烂、出血并分泌大量黏液，鱼眼凹陷（图1-24至图1-26）。患病鱼在1～2天内即发生死亡，死亡率高达80%～100%。有些鱼表现神经症状，极小的刺激能引起较强烈的反应。

诊断　根据流行病学、症状等进行初步诊断，确诊需采用聚合酶链式反应（PCR）、细胞培养技术、原位杂交技术和LAMP法等方法。

防治　目前尚无有效的锦鲤疱疹病毒病疫苗，因此对该病应采用综合防治措施加以控制和消灭。预防上应加强饲养管理，提高机体的免疫力，加强检疫，不从疫区引种等。一旦发病，首先必须采取严格的隔离措施，以免疫情传播蔓延。

图1-22　患病锦鲤全身多处充血、出血　　　　　　　　　　（仿 江育林）

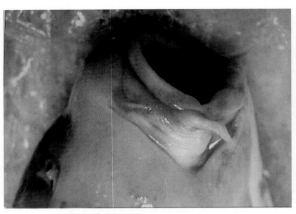

图 1-23　患病锦鲤嘴明显充血、出血

（仿　江育林）

图 1-24　患病锦鲤鳃丝腐烂　　　　（仿 Duncan G）

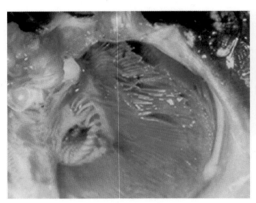

图 1-25　患病鲤发生烂鳃

（仿　福田颖穗）

图 1-26　患病鲤眼球凹陷　　　　（仿　福田颖穗）

五、鲤春病毒血症（Spring viremia of carp）

　　鲤春病毒血症又名鲤春病毒病，是一种由弹状病毒引起的主要感染四大家鱼和几种鲤科鱼的病毒性传染病。

　　病原　该病病原为鲤弹状病毒，亦称鲤春病毒血症病毒，是一种单链RNA病毒，大小为（90～180）nm×（60～90）nm，有囊膜，呈棒状或子弹状（图1-27）。病毒能在鲤性腺、鳔初代细胞、BB、BF-2、EPC、FHM、RTG-2等鱼类细胞株上增殖，并出现细胞病变；同时也能在猪肾、牛胚、鸡胚及爬行动物细胞株上增殖，增殖的温度范围为15～30℃，适温为20～22℃。

　　流行病学　该病现已经成为全球性鱼类疾病，欧、亚两洲均流行，在欧洲尤甚，我国也有该病流行。该病主要流行于水温12～18℃的春季，死亡率可达80%～90%，水温超过22℃时一般不再发病。鱼年龄越小越敏感，成年鲤可发生病毒血症，表现出一定的症状，但通常不发生死亡或者死亡率很低。病鱼、死鱼及带病毒鱼是传染源，病原可由感染鱼排出的粪便经水体传播，也可经某些吸血寄生虫如鲺和蛭传播。

　　症状　病鱼体色发黑，呼吸缓慢，往往失去平衡而侧游，聚集于出水口。眼球突出（图1-28），肛门红肿（图1-29），体表充血、出血，腹部膨大，腹腔内有多量带血的腹水（图1-30），肝、肾肿大、出血，部分病鱼可见鳔壁明显出血（图1-31至图1-33）。

病理变化　由于该病毒在体内增殖，尤其是在毛细血管内皮细胞、造血组织和肾细胞内增殖，从而破坏了体内水盐平衡和正常的血液循环，因此病鱼表现为肝、肾、脾、胰、心、鳔、肌肉和造血组织等多组织器官的水肿、出血、变性、坏死及炎症反应等病变（图1-34至图1-36），从而导致感染鱼死亡。当病鱼出现明显症状时，电镜检查可发现其肝、肾、脾、鳃、脑中都含有大量病毒颗粒。

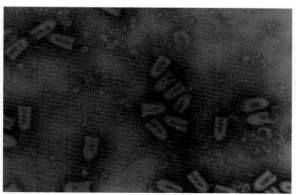

图1-27　鲤春病毒颗粒呈子弹状　　　（仿 Dixon P）

图1-28　患病鲤双侧眼球突出

图1-29　患病鲤体表出血，肛门红肿

图1-30　患病鲤腹部膨大，体表充血、出血

图1-31　患病鲤腹腔内出现带血腹水，肝肿大、
　　　　 出血

图1-32　患病鲤腹腔内出现血样腹水，肝肿大、
　　　　 出血

图1-33　患病鲤鳔明显出血

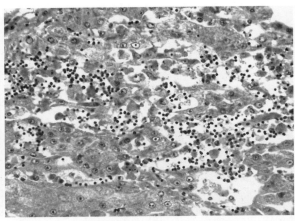

图1-34　患病鲤肝坏死，大量炎症细胞浸润
　　　　（H.E×400）

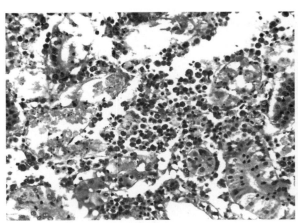

图1-35　患病鲤肾小管与肾间造血组织坏死，大
　　　　量炎症细胞浸润（H.E×400）

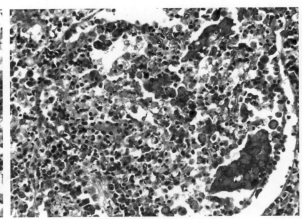

图1-36　患病鲤脾内胰腺组织坏死，大量炎症细
　　　　胞浸润（H.E×400）

　　诊断　根据流行情况、症状及病理变化可作出初步诊断，确诊可采用中和试验、间接荧光抗体试验和酶联免疫吸附试验（ELISA）等。

　　防治　目前尚无有效的治疗方法，主要进行预防。严格检疫，杜绝该病原的传入；用碘伏、季铵盐类和含氯消毒剂彻底消毒可预防该病发生；捷克的Bioveta公司已生产出该病的商用疫苗，腹腔注射可预防该病。

六、传染性造血器官坏死病（Infectious haematopoietic necrosis）

　　该病是弹状病毒属的传染性造血器官坏死病毒引起的一种主要危害鲑科鱼类的传染性疾病。

　　病原　传染性造血器官坏死病毒颗粒呈子弹形，大小为（120～300）nm×（60～100）nm，单链RNA，有囊膜。病毒在FHM、RTG-2、CHSE-214、PG、R、EPC、STE-137等细胞株上复制生长，并出现细胞病变，生长温度为4～20℃，最适温度15℃。电解质或盐可加速病毒失去感染力，15℃时病毒在淡水中可生存25天，为海水中生存时间的2倍。

流行病学 该病主要危害虹鳟、硬头鳟、银鳟和大西洋鲑等鲑科鱼类的鱼苗及当年鱼种，尤其是刚孵出的鱼苗，死亡率可达100%，1龄鱼种的感染率与死亡率明显下降，2龄以上鱼基本不发病。近年来发现某些海水养殖鱼类如大菱鲆、牙鲆也能感染致病。该病流行水温为8～15℃，病鱼与无症状带毒鱼为主要传染源，可经水平和垂直两种方式传播。

症状 该病是一种急性流行病，临床上以病鱼狂游后突然死亡为其重要特征。病鱼体色发黑（图1-37），出现昏睡，或游动缓慢，时而出现痉挛，往往在剧烈游动后不久即死。病鱼眼球突出，腹部膨大，鳍条基部及体表皮肤充血、出血，肛门处常拖有一条不透明的黏液粪便（图1-38至图1-41）。口腔、骨骼肌、脂肪组织、腹膜、脑膜、鳔、心包膜、肝、肠及鱼苗的卵黄囊等出血（图1-42、图1-43）。

病理变化 肾脏及脾脏的造血组织严重坏死，病情严重时肾小管及肝脏也发生局部坏死（图1-44至图1-46），胃、肠固有膜的颗粒细胞、部分胰腺的腺末房及胰岛细胞也发生变性、坏死，胞浆内常可见包涵体。病毒在毛细血管的内皮细胞、造血组织和肾细胞上繁殖，导致血管壁通透性增加和肾功能障碍，引起电解质和水的渗透压平衡失调，造成鱼水肿和出血，最终死亡。

诊断 根据症状及病理变化作出初诊。与传染性胰腺坏死病相比较，该病的病鱼肛门后面拖的一条黏液便比较粗长、结构粗糙，肾与脾的造血组织严重坏死。采用免疫学方法（如：中和试验、IFAT、ELISA等）或分子生物学方法（如：DNA探针与PCR）等可确诊。

防治 目前尚无有效的治疗方法，主要进行预防。加强综合预防措施，严格检疫，杜绝该病原的传入；受精卵用50mg/L浓度的PVP-I，药浴15分钟，并在17～20℃孵化，可预防该病发生。发病时，使用10%聚维酮碘溶液，一次量为每立方米水体0.45～0.75mL，全池泼洒，有一定效果。

图1-37 患病鲑体色发黑 （仿 中居裕）

图1-38 患病虹鳟腹部膨大，体表充血、出血

（仿 山崎隆义）

图1-39 患病虹鳟鱼苗体表充血、出血

（仿 山崎隆义）

图1-40 患病鲑鱼苗体表充血、出血

（仿 Ahne W）

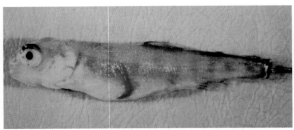

图1-41　患病鱼体表出血　　　　（仿 中居裕）

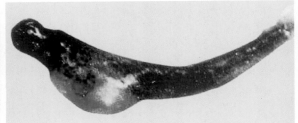

图1-42　患病虹鳟卵黄囊肿胀、出血

（仿 山崎隆义）

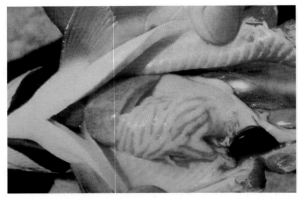

图1-43　患病鱼肝出血、贫血、发白

（仿 中居裕）

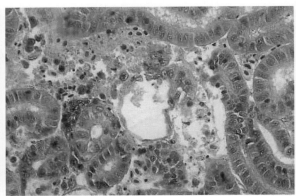

图1-44　患病虹鳟肾间造血组织坏死（H.E ×400）

（仿 George P）

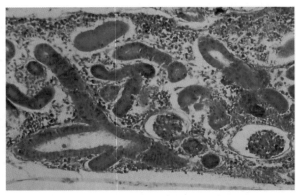

图1-45　患病鲑肾间造血组织坏死（H.E ×200）

（仿 Khoo L）

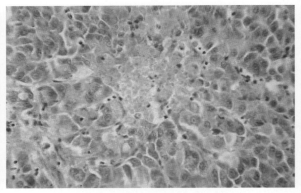

图1-46　患病虹鳟肝组织局灶性坏死（H.E ×400）

（仿 George P）

七、病毒性出血性败血症（Viral hemorrhagic septicemia）

该病是由弹状病毒科的艾特韦病毒引起的主要危害淡水鲑科鱼类的一种传染性疾病。

病原　艾特韦病毒为一种单链RNA病毒，大小在（170～180）nm×（60～70）nm（图1-47），能在哺乳动物细胞株BHK-21、WI-38和两栖动物细胞株GL-1上生长，但更易在鱼源细胞株如BF-2、CHSE-214、FHM、PG和RTG-2上生长。生长温度范围为4～20℃，最适增殖温度为15℃，20℃以上失去感染力。该病毒对氯仿、酸、热不稳定，对乙醚很敏感。病毒侵袭鱼的各种组织，其中以肾及脾中含病毒量最高。

流行病学 该病最早在德国发现，流行于欧洲，主要危害淡水鲑科鱼类鱼种及1龄以上幼鱼，一般鱼体大于5cm才发病。流行始于冬末春初，在8～10℃死亡率最高，而在15℃以上时，却很少发生。带毒鱼是重要的传染源，病毒在池水中可长期保持感染力。鳃和消化道可能是病毒的入侵门户。

症状 全身多组织、多器官的出血是该病主要临床病变特征。该病根据病程的长短可分为急性型、慢性型、神经型三型。急性型：发病迅速，死亡率高，主要表现为突发性大量死亡，皮肤、肌肉、眼眶周围及口腔出血（图1-48至图1-50），体内各组织器官（肾、脾、肝、脂肪组织和肌肉等）都发生明显出血，尤以血管丰富的器官（如脾和肾）明显（图1-51）。慢性型：一般由急性转变而来，病鱼病程长，中等程度死亡率。病鱼贫血，体色发黑，由于眼球后的脉络膜出血致眼球严重突出，另有腹部膨胀、腹水的表现。神经型：发病较慢，死亡率很低，主要表现为病鱼运动失常，旋转运动，时而沉于水底，时而狂游跳出水面，或侧游。体表出血症状不明显，但内脏有严重出血。

病理变化 病鱼贫血，造血组织发生变性、坏死，白细胞和血栓细胞减少，肾是病毒入侵的主要靶器官，其病变也比较明显，肾小管上皮细胞空泡变性，核固缩、溶解，上皮细胞剥离，肾小球肿大（图1-52）。

诊断 根据在低温条件下敏感鱼出现典型的症状与病理变化进行初步诊断，确诊需采用直接荧光抗体法、间接荧光抗体法或中和试验等。

防治 该病目前尚无有效的治疗方法，主要进行预防。加强综合预防措施，消毒与检疫是控制该病流行最有效的方法。用聚维酮碘、季铵盐类、二氧化氯等彻底消毒，严格执行检疫制度，从无该病的地区引进鱼苗和鱼种是杜绝该病发生的较有效的方法。发眼卵使用碘伏消毒，可清除卵上的病毒。

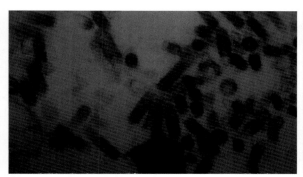

图1-47 艾特韦病毒颗粒形态 （仿 西泽豊颜）

图1-48 患病虹鳟体表充血、出血

（仿 Ghittino P）

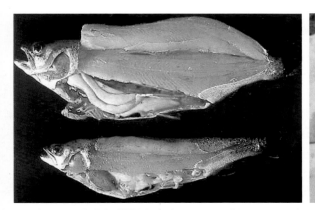

图1-49 患病虹鳟肌肉出血 （仿 George P）

图1-50 患病虹鳟肌肉出血 （仿 Ahne W）

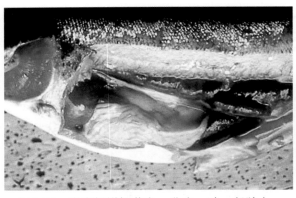

图1-51　患病虹鳟鳃苍白、贫血，脾、肾肿大

（仿 Kinkelin P）

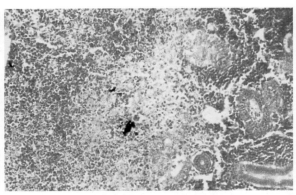

图1-52　患病鱼肾间出血，造血组织坏死（H.E×200）

（仿 Bruno D W）

八、淋巴囊肿病（Lymphocystis disease）

该病是由虹彩病毒科的淋巴囊肿病毒引起的一种慢性皮肤瘤性传染病。1874 年 Lowe 首先发现于欧洲的河鲽，随后陆续在许多野生和养殖的海、淡水鱼类上都有发现，是发现的最早的鱼类病毒病。

病原　淋巴囊肿病毒粒子二十面体，其轮廓呈六角形，有囊膜，直径一般为200～260nm（图1-53），大量病毒颗粒堆积可呈晶格状排列。病毒能在BF-2、LBF-1、GF-1、SP-1、SP-2 等细胞系上复制，出现巨型囊肿细胞，且在边缘有嗜碱性胞浆包涵体，生长温度20～30℃，适宜温度为23～25℃。病毒对寄主有专一性，所以可能有许多血清型。

流行病学　该病流行很广，在全球范围内均有发生。过去该病主要发生在欧洲和南、北美洲；近年来，日本以及我国广东、山东、浙江、福建等地均有该病的发生。主要危害海水鱼类，特别是鲈形目、鲽形目、鲀形目鱼类苗种阶段和1龄鱼种，死亡率达30%以上，2 龄以上的鱼很少出现死亡，但病鱼失去商品价值。该病一年四季都可发生，但水温10～20℃时为发病高峰期。

症状　发病鱼在病情较轻时，行为、摄食基本正常，但生长缓慢；病情严重时食欲下降，甚至不摄食，并发生死亡。在病鱼的皮肤、鳍和尾部等处出现许多分散或聚集成团的大小不等的水疱状囊肿物（图1-54至图1-57），偶尔在鳃丝、咽喉、肌肉、肠壁、肠系膜、围心膜、腹膜、肝、脾等组织器官上也有发生。囊肿物多呈白色、淡灰色、灰黄色，有的带有出血灶而显微红色。水疱状的囊肿物是鱼的真皮结缔组织中的成纤维细胞被病毒感染后肥大而成，并在胞浆内可见大量的包涵体和病毒颗粒（图1-58至图1-60）。

病理变化　淋巴囊肿病毒偏好感染真皮结缔组织中成纤维细胞和成骨细胞。病毒感染使细胞扩大、增肥，不再进行有丝分裂，从而形成球形的肥大细胞，此时细胞直径可达0.3～2mm；同时细胞核发生退行性变化、凝结或破碎，核仁扭曲并模糊；胞浆发生变化，在细胞质边缘散有嗜碱性的、大小不一的包涵体；在淋巴囊肿周围有一层厚而透明的硫酸黏多糖性质的包膜。

诊断　根据症状及特征性的临床病理变化可基本作出诊断，确诊可用BF-2、LBF-1等细胞株分离培养病毒，通过电镜观察到病毒粒子或用免疫荧光方法进行检测（图1-61）。

防治　该病目前尚无有效的治疗方法，主要进行预防。引进亲本、苗种应严格检疫，发现携带病原者，应彻底销毁。严格控制养殖密度，防止高密度养殖。发病后用市售 H_2O_2（30%浓度）稀释至3%，以此为母液，配成0.005% 的浓度，浸洗20分钟，然后将鱼放入25℃水体中饲养，淋巴囊肿会自行脱落，同时投喂抗生素药饵，如每千克体重用恩诺沙星30～50mg或强力霉素30～50mg，每天2次，连续投喂5～7天，可防止继发性细菌感染，降低死亡率。

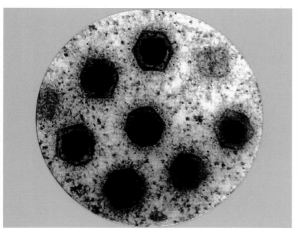

图1-53　淋巴囊肿病毒粒子轮廓呈六角形，有囊膜　　　　　　　　（仿 江育林）

图1-54　患病牙鲆鳍与皮肤上出现大量淋巴囊肿物

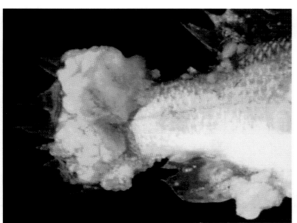

图1-55　患病鲈尾部、鳍条与皮肤上出现囊肿物

（仿 Leong T）

图1-56　患病牙鲆背部出现大量囊肿物

（仿 江育林）

图1-57　患病鱼体表出现大量囊肿物

（仿 Bruno D W）

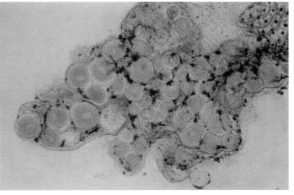

图1-58　囊肿物压片见细胞内包涵体

（仿 Herbert R）

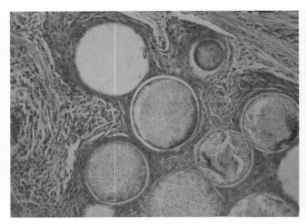

图1-59　囊肿物切片见细胞内包涵体（H.E×200）
（仿 Bruno D W）

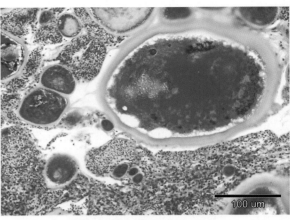

图1-60　囊肿物切片见细胞内包涵体（H.E×200）
（绳秀珍 赠）

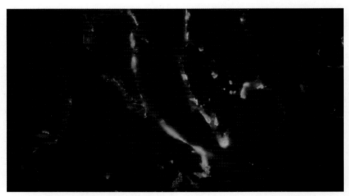

图1-61　囊肿物组织免疫荧光检测出现的病毒粒子阳性信号

九、传染性胰腺坏死病（Infectious pancreatic necrosis）

该病是由传染性胰腺坏死病毒引起的一种主要侵害鲑科鱼类开始摄食后的鱼苗至3个月内的稚鱼的高度接触性传染病。

病原　Wolf于1960年首次从美洲红点鲑鱼苗体内分离出传染性胰腺坏死病毒，病毒粒子呈正二十面体，无囊膜，直径55～75nm（图1-62）。病毒在RTG-2、PG、RI、CHSE-214、AS、BF-2、EPC等鱼类细胞株上增殖，并产生细胞病变，生长温度为4～25℃，最适温度为15～20℃。病毒在胞浆内合成和成熟，并形成包涵体。病毒对不良环境有极强的抵抗力，在温度56℃时30分钟仍具感染力，在养鳟的环境中感染力可保持几周。

流行病学　该病主要危害大西洋鲑、虹鳟、棕鳟、红点鲑和大麻哈鱼等，另外也有海鲈、大菱鲆和真鲷等发病的报道；广泛流行于欧、美、日本等许多国和地区，我国东北、山东、山西、甘肃、台湾等省养殖的虹鳟均发现该病。发病水温一般为10～15℃。2～10周龄的虹鳟鱼苗，在水温10～12℃时，感染率和死亡率可高达80%～100%。20周龄以后的鱼种一般不发病，但可成终身带毒，成为传染源。该病可通过水平和垂直两种方式传播。

症状　病鱼体色变黑，眼球突出，腹部膨胀，鳍基部和腹部发红、充血（图1-63、图1-64），多数病鱼肛门处拖着线状黏液便，并不时在水中旋转狂游，随即下沉池底，1～2小时内死亡。剖解见腹腔内充有大量腹水，肝、脾、肾肿大、出血或苍白，幽门垂出血，消化道内通常无食物，充满乳白色或淡黄色黏液（图1-65）。

病理变化 典型病理组织学变化是胰腺坏死，胰腺泡与胰岛细胞表现为核固缩、核破碎，并在一些细胞胞浆内出现包涵体（图1-66至图1-68）。疾病后期，肾脏和肝脏等也发生变性、坏死；消化道黏膜上皮也表现为变性、坏死与脱落。

诊断 根据临床症状及病理变化进行初步诊断；确诊需采用中和试验、直接（间接）荧光抗体或酶联免疫吸附（ELISA）等以及核酸探针和聚合酶链式反应技术（PCR）等方法。

防治 该病目前尚无特别有效的治疗方法，主要进行预防。严格检疫，不用带毒亲鱼采精、采卵；不从疫区购买鱼卵和苗种；鱼卵用碘伏（PVP-I），每立方米水体0.05g，消毒15分钟；疾病早期用PVP-I，一次量为每千克体重有效碘1.64～1.91g，拌饲投喂，连续用15天，有一定效果。

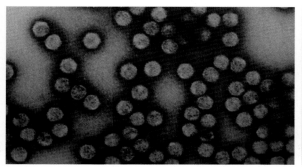

图1-62 传染性胰腺坏死病毒粒子呈二十面体，无囊膜 （仿 吉水 守）

图1-63 患病鱼膨大，体色发黑 （仿 吉水 守）

图1-64 患病虹鳟腹部膨大、充血、出血

（仿 Robert R）

图1-65 患病虹鳟肝胰腺肿大、出血 （仿 Wolke R）

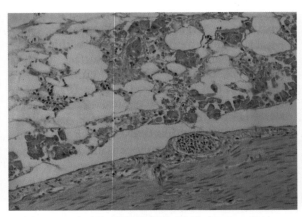

图1-66　患病虹鳟胰腺细胞坏死（H.E ×400）

（仿 Khoo L）

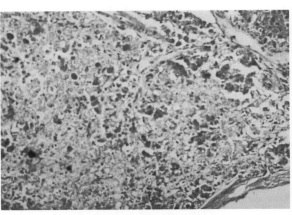

图1-67　患病大西洋鲑胰腺细胞坏死（H.E ×400）

（仿 Bruno D W）

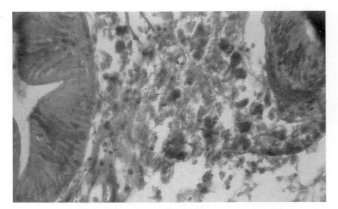

图1-68　患病虹鳟肠周围胰腺细胞坏死（H.E ×400）

（仿 George P）

第二章

鱼类细菌性疾病

一、细菌性烂鳃病（Bacterial gill—rot disease）

该病是一种严重危害养殖鱼类的常见病和多发病，是由柱状黄杆菌（国内曾称之为鱼害黏球菌）感染而引起的细菌性传染病。

病原 该菌菌体细长，两端钝圆，粗细基本一致。菌体长短很不一致，大多长 $2 \sim 24\,\mu m$，最长的可达 $37\,\mu m$ 以上，宽 $0.8\,\mu m$。较短的菌体通常较直，较长的菌体稍弯曲，有时弯成圆形、半圆形、V形或Y形。无鞭毛，通常作滑行运动或摇晃颤动。

流行病学 该病主要危害草鱼、青鱼、鲤、鲫、罗非鱼等，从鱼种至成鱼均可受害，一般流行于 $4 \sim 10$ 月，尤以夏季流行为盛，流行水温 $15 \sim 30\,℃$。

症状 病鱼游动缓慢，体色变黑，发病初期，鳃盖骨的内表皮往往充血、糜烂，鳃丝肿胀。随着病程的发展，鳃盖内表皮腐烂加剧，甚至腐蚀成一圆形不规则的透明小区，俗称"开天窗"（图2-1、图2-2）。鳃丝末端严重腐烂，呈"刷把样"（图2-3、图2-4），上附有较多污泥和杂物碎屑（图2-5、图2-6）。鳃严重贫血呈白色，或鳃丝红白相间的"花瓣鳃"现象。

病理变化 镜下可见初期鳃小片严重充血（图2-7），随后鳃小片细胞变性、坏死，大量鳃小片坏死、脱落（图2-8、图2-9）。严重的鳃小片几乎全部脱落，鳃丝末端也坏死、断裂，最后只剩下部分鳃丝软骨。

诊断 根据流行情况、临诊症状，如鳃丝严重腐烂或"开天窗"等即可作出初步诊断。镜检鳃丝，见有大量细长、滑行的杆菌可进一步诊断。确诊需对病原进行分离鉴定或借鉴酶联免疫吸附试验（ELISA）等免疫学方法进行。

图2-1 患病草鱼鳃盖腐蚀，形成"开天窗"病变

图2-2 患病鲟鳃盖腐蚀，形成"开天窗"病变

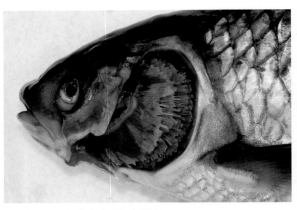

图2-3　患病草鱼鳃丝腐烂

图2-4　患病丁鱼岁鳃丝腐烂

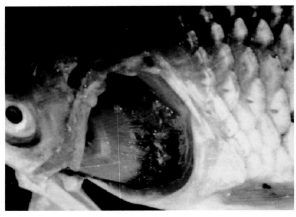

图2-5　患病草鱼鳃丝末端腐烂，并有污泥和杂物
　　　　附着

图2-6　患病斑点叉尾鮰鳃丝末端腐烂，并有污泥
　　　　附着

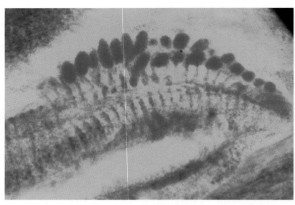

图2-7　患病鱼鳃小片毛细血管扩张，严重充血

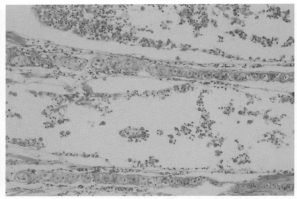

图2-8　患病鱼鳃小片上皮坏死、崩解，鳃小片断
　　　　裂，并有大量炎性细胞浸润（H.E×400）

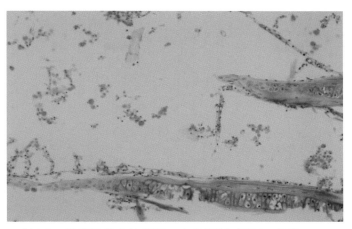

图2-9 患病鱼鳃小片坏死、大片崩解（H.E×400）

防治 该病的防治应坚持"防治结合，防重于治"的原则。平时注重预防，一旦鳃丝出现严重腐烂，治愈难度很大。预防：应做到彻底清塘，鱼种下塘前用漂白粉或高锰酸钾浸泡消毒，一次量为每立方米水体10～20g，浸泡10～20分钟；或一次量为每升水使用食盐20～40g，浸泡5～10分钟。在发病季节，每15天全池遍洒生石灰1～2次，一次量为每立方米水体15～20g；或三氯异氰脲酸粉，一次量为每立方米水体0.3～0.5g，全池泼洒，每15天1次。治疗：发病时，可用氟哌酸，一次量为每千克鱼体重10～30mg，拌饲投喂，连喂3～5天；或磺胺-2,6-二甲嘧啶，一次量为每千克鱼体重100～200mg；或甲砜霉素，一次量为每千克鱼体重30～50mg。每天2～3次，连喂5～7天。

二、赤皮病（Red-Skin disease）

该病是由荧光假单胞菌引起的一种养殖鱼类的常见传染性疾病，与烂鳃、肠炎合称为"老三病"。

病原 荧光假单胞菌为需氧的革兰氏阴性短杆菌，两端圆形，大小为（0.7～0.75）μm×（0.4～0.45）μm，单个或二个相连。有运动力，极端着生1～3根鞭毛。无芽孢，具β溶血性。琼脂培养基上菌落微凸，呈圆形，直径1～1.5mm，表面光滑湿润，边缘整齐，灰白色半透明。

流行病学 该病主要危害草鱼、青鱼等。多发生于2～3龄大鱼，当年鱼种也可发生，常与肠炎病、烂鳃病同时发生形成并发症。

症状 病鱼体表局部或大部鳞片松动、脱落（图2-10），脱落处皮肤糜烂，同时可见皮肤出血及发炎（图2-11至图2-13），以鱼体两侧和腹部最为明显。鳍条基部或整个鳍充血，鳍末端腐烂呈扫帚状，形成蛀鳍（图2-14）。在鳞片脱离和鳍条腐烂处往往出现水霉寄生，加重病势。发病几天后就会死亡。

病理变化 发病初期，可见肌纤维断裂，肌纤维细胞坏死、溶解，肌间质水肿性增宽，且可见炎性细胞浸润，毛细血管充血。病变严重时，常可见肝、肾、消化道等组织器官充血、出血、变性和坏死等病理变化发生。

诊断 根据外表症状及病理变化即可诊断。该病病原菌不能侵入健康鱼的皮肤，往往在皮肤破溃后通过伤口侵入，因此病鱼有受伤史，这点对诊断有重要意义。

防治 该病在预防上应在捕捞、运输、放养等操作过程中尽量避免鱼体受伤。预防：漂白粉，一次量为每立方米水体1～1.5g；或三氯异氰脲酸粉，一次量为每立方米水体0.3～0.5g；

或80%二氧化氯，一次量为每立方米水体0.1～0.3g；或聚维酮碘溶液（含有效碘1%），一次量为每立方米水体1～2g。全池泼洒，在疾病流行季节每15天1次。治疗：除全池泼洒上述消毒剂外，还应同时内服氟哌酸，一次量为每千克鱼体重10～30mg，连喂5～7天；或四环素，一次量为每千克鱼体重40～80mg；或氟甲喹，一次量为每千克鱼体重30mg。拌饲投喂，每天2～3次，连喂5～7天。

图2-10 患病草鱼体侧鳞片脱落，体表发红

图2-11 患病团头鲂体侧鳞片脱落，体表发红、发炎

图2-12 患病丁鱥体侧鳞片脱落，皮肤发炎

图2-13 患病丁鱥尾部鳞片脱落，体表发红、发炎

图2-14 患病草鱼尾鳍充血，末端腐烂
（仿 黄琪琰）

三、细菌性肠炎（Bacterial enteritis）

该病是由肠型豚鼠气单胞菌（曾用名：点状气单胞菌）感染引起的一种水生动物常见消化道疾病。

病原 肠型点状气单胞菌为一种革兰氏阴性短杆菌，该菌两端钝圆，单个或两个相连，极端鞭毛，有运动力，无芽孢。在R-S培养基上呈黄色。

流行病学 各种鱼类对该菌均易感，主要危害草鱼、青鱼、鲤等。流行时间为4～10月，水温在18℃以上开始流行，流行高峰为水温25～30℃，一般死亡率在50%～90%，全国各养鱼地区均有发生。

症状 病鱼离群独游，体色发黑，食欲减退或废绝。肉眼可见病鱼腹部膨大，肛门严重红肿外突，呈紫红色，轻压腹部，有黄色黏液或血脓从肛门处流出。剖开腹腔，可见清亮或带血腹水，部分病例无腹水；肠道明显充血、出血、发红，肠壁变薄，弹性降低，肠道内无食物，里面充满大量黄色或淡黄色的黏液（图2-15、图2-16）。

病理变化 镜下可见肠绒毛大量坏死脱落于肠腔（图2-17），甚至固有膜有大量炎症细胞浸润，整个肠壁坏死（图2-18）。

诊断 根据肛门严重红肿、外突，肠道黏膜面严重充血、出血、极度发红（尤以后肠段症状明显）或肠壁变薄，肠腔内充满大量淡黄色黏液进行初步诊断。根据从病鱼的肝、肾或血中分离并检测出肠型点状气单胞菌进行确诊。另可用酶联免疫吸附试验（ELISA）等免疫学方法进行确诊。

图2-15 患病草鱼肠道充血、出血、发红

图2-16 患病草鱼肠道充血、出血、发红（局部放大）

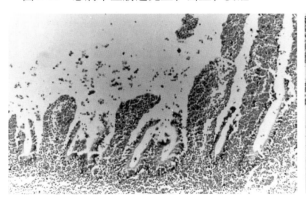

图2-17 肠黏膜上皮坏死、脱落，固有膜与黏膜下层大量炎症细胞浸润（H.E ×200）

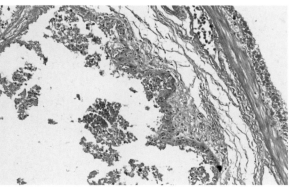

图2-18 肠绒毛坏死、脱落于肠腔中，黏膜下层与肌层坏死（H.E ×200）

防治 预防：该病的预防应做好彻底清塘消毒，保持水质清洁。严格执行"四消四定"措施。投喂新鲜饲料，不喂变质饲料，是预防该病的关键。发病季节，用漂白粉或生石灰在食场周围或全池泼洒消毒，每15天1次。治疗：发病时可拌饲投喂大蒜，一次量为每千克鱼体重5g，连喂7～10天；或大蒜素，一次量为每千克鱼体重50～80mg，每天2～3次，连喂3天；或拌饲投喂氟哌酸，一次量为每千克鱼体重10～30mg，每天2～3次，连喂3～5天。

四、疖病（Furunculosis）

病原 该病是由杀鲑气单胞菌引起的主要危害鲑鳟鱼类的一种常见的细菌性疾病。杀鲑气单胞菌为革兰氏阴性菌，无鞭毛，具运动性的短杆菌，大小为1μm×(1.7～2.0)μm，菌落圆形，半透明。灰白色，表面隆起，边缘整齐。当水温为20～25℃，pH为7时，最适合杀鲑气单胞菌的生长。

流行病学 该病在我国部分鲑鳟的养殖场有发生。几乎所有的鲑鳟，都可感染杀鲑气单胞菌，其中以褐鳟、红大麻哈鱼、马苏大麻哈鱼、布努克鳟最为敏感。

症状 根据发病的病程及症状不同，可将疖病分为4型：急性型，该型发病急，死亡率高，病程短，往往外部症状尚未表现出来，病鱼已开始死亡；亚急性型，该型病程稍长，病鱼往往在表现出疖疮症状后开始死亡；慢性型，该型病程较长，根据其主要症状不同又可分为慢性Ⅰ型和慢性Ⅱ型，其中Ⅰ型主要表现为肠道发炎，鳍条基部出血，病鱼死亡较慢，慢性Ⅱ型虽然能从患病鱼中分离到病原菌，但无明显症状，也不引起死亡，有时在鳃上有轻度病变。

病理变化 疖疮的形成是由于病原菌经皮侵入后，在躯干部肌肉内形成小的感染病灶，由于细菌增殖，肌肉组织溶解坏死、出血、浆液渗出，炎症细胞浸润，患部皮肤软化，向外隆起，形成疖疮（图2-19、图2-20），或皮肤溃烂形成溃疡（图2-21）。

诊断 根据流行病学与病变可进行初步诊断，从患部取材，检查是否有非运动性短杆菌存在，进行进一步诊断，确诊需要进行细菌学和血清学检查。

防治 目前，对该病的防治主要有以下几种方法。预防：防止病原菌带入养鳟场，鱼卵和鱼苗应考虑从无病史的地方输入。输入的鱼卵、鱼苗及养殖池塘都应进行消毒处理。再者外伤和环境胁迫因素是疖疮病的诱因，所以应尽量避免鱼体受伤，放养密度不宜过高，经常注意换水，保持良好的水质。同时注射或口服灭鲑产气单胞菌疫苗，可起到积极的预防作用。治疗：

图2-19 患病大西洋鲑体表出现外凸的疖疮

（仿 Håstein T）

图2-20 切除患病大西洋鲑脓疮表面后露出的坏死组织

（仿 Håstein T）

图2-21 患病大西洋鲑体表疖疮破溃，形成
溃疡灶

口服抗生素（如土霉素、四环素等），一次量为每千克鱼体重80mg，每天2～3次，连续用7～10天；或磺胺药（如磺胺甲氧嘧啶、磺胺异噁唑），一次量为每千克鱼体重200mg，每天2～3次，连续5～7天；或强力霉素，一次量为每千克鱼体重50～80mg，每天2～3次，连服5～7天。

五、细菌性败血症（Bacterial septicemia）

病原 该病是引起鱼类严重死亡的一种暴发性疾病，一度给我国水产养殖业带来毁灭性影响。到目前为止，报道的能引起细菌性败血症的病原很多，但报道最多的为嗜水气单胞菌。除此之外，温和气单胞菌、鲁氏耶尔森氏菌、维氏气单胞菌等病原菌也可引起。

流行病学 流行时间为3～11月份，高峰期常为5～9月，水温9～36℃均有流行。主要危害白鲫、异育银鲫、团头鲂、鲢、鳙、鲤、鲮、草鱼等淡水鱼类。从夏花鱼种到成鱼均可感染，发病严重的养鱼场发病率高达100%，死亡率高达95%以上。

症状 病鱼全身体表严重充血、出血，病鱼的上下颌、口腔、鳃盖、眼睛、鳍条及鱼体两侧充血、出血（图2-22至图2-30），以腹部和头部出血最为严重，甚至肌肉也充血、出血、呈红色。病鱼眼球突出，肛门红肿，腹部膨大（图2-31、图2-32）。剖开腹腔后可见大量清澈或带血腹水（图2-33）。肝、脾、肾肿大、严重出血（图2-34），肠道黏膜出血、发红，呈严重肠炎表现（图2-35至图2-37）。

病理变化 镜下可见各器官小血管及毛细血管严重充血，多个组织内可见弥漫性红细胞浸润；肝细胞与胰腺细胞变性、坏死；肾小管上皮细胞变性、坏死。

诊断 根据症状及病理变化和流行病学可作出初步诊断。利用R-S培养基，若细菌在其上生长呈黄色菌落，则可初步鉴定为嗜水气单胞菌（图2-38），若在病鱼腹水或内脏检出嗜水气单胞菌等可确诊。另可采用ELISA等血清学方法进行确诊。

图2-22 患病鲢头部、眼睛和鳍充血、出血

（仿 黄琪琰）

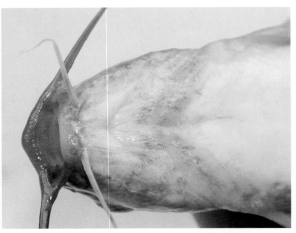

图2-23 患病斑点叉尾鮰头部、下颌出血

图2-24 患病斑点叉尾鮰口腔周围充血、出血

图2-25 患病异育银鲫体表充血、出血

图2-26 患病鲫体表充血、出血，鳞片脱落

图2-27 患病鲤体表充血、出血

图2-28 患病长吻鮠体表充血、出血

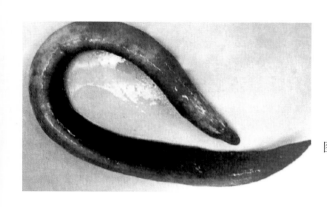

图2-29　患病欧鳗腹部充血、出血

（仿　Edward J）

图2-30　患病鳗鲡体表严重出血　　　（樊海平　赠）

图2-31　患病中华倒刺鲃腹部膨大、充血、出血

图2-32　患病异育银鲫腹部膨大、充血、出血，
肛门红肿外突　　　（陈辉　赠）

图2-33　患病鲤腹腔内有多量含血的腹水

图2-34　患病斑点叉尾鮰肾脏肿大、出血

图2-35　患病斑点叉尾鮰肠黏膜充血、出血

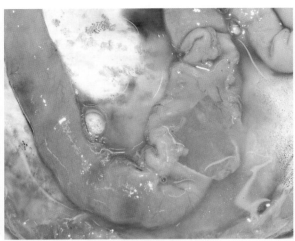

图2-36　患病斑点叉尾鮰肠腔内有大量黄色黏液

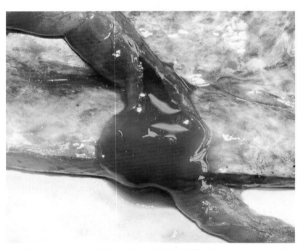

图2-37　患病斑点叉尾鮰肠黏膜充血、出血，肠
　　　　腔内含有红色黏液

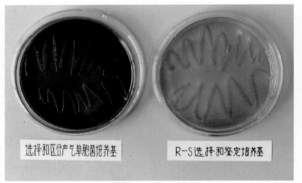

图2-38　在R-S培养基上嗜水气单胞菌呈黄色菌落

　　防治　预防：在平时生产管理中应做到冬季干塘彻底清淤，并用生石灰或漂白粉彻底清塘。鱼种下塘前用高锰酸钾水溶液消毒，一次量为每立方米水体15～20g，药浴10～20分钟。流行季节，用生石灰，一次量为每立方米水体20～30g，每15天1次，以调节水质；或用漂白粉精，一次量为每立方米水体0.2～0.3g；或二氯海因，一次量为每立方米水体0.2～0.3g，定期全池泼洒。治疗：发病时，可用氟哌酸或氟苯尼考拌饲投喂，一次量分别为每千克鱼体重50mg、10～25mg，每天2～3次，连用3～5天。

六、竖鳞病 (Lepidorthosis)

　　病原　该病是由水型豚鼠气单胞菌感染引起的一种养殖鱼类常见性传染病。水型点状假单胞菌为革兰氏阴性短杆菌，近圆形，有运动性，无芽孢，单个排列。

　　流行病学　竖鳞病流行于春季，水温17～22℃，死亡率一般在50%以上，严重的可达到

100%。主要是危害鲤、鲫、金鱼、草鱼以及各种热带鱼等，在静水养殖和高密度养殖条件下最易发生。

症状 疾病早期病鱼离群独游，精神委靡，鱼体发黑，体表粗糙。鱼体前部的鳞片竖立，向外张开犹如松球样（图2-39至图2-42）。严重时全身鳞片竖立，鳞囊充满大量的含血的渗出液，用手轻压鳞囊，可见大量渗出液从鳞囊处喷射而出。

图2-39 患病鲤全身鳞片竖立

图2-40 患病鲤突眼，身体鳞片竖立

图2-41 患病金鱼全身鳞片竖立

图2-42 患病鲫突眼，全身鳞片竖立

（仿 Herbert R）

病理变化 病鱼常伴有鳍条基部和体表皮肤轻微充血，眼球突出，腹部膨大，腹腔积水。还可见病鱼贫血，鳃、肝、脾、肾肿大，颜色变淡，鳃盖内表皮充血等症状。

诊断 根据其症状及病理变化，如鳞片竖起，按压有渗出液喷出，眼球突出，腹部膨大等，可做出初步判断；也可以通过取组织接种于假单胞菌培养基上进行分离病原的鉴定。如同时镜检鳞囊内的渗出液，见有大量革兰氏阴性短杆菌即可做出进一步诊断。应注意的是，当大量鱼波豆虫寄生在鲤鳞囊内时，也可引起竖鳞症状及病理变化，这时应用显微镜检查鳞囊内的渗出液加以区别。

防治 鱼体表受伤是引起该病的可能原因之一，因此在捕捞、运输、放养时，勿使鱼体受伤。鱼种下塘前用3%食盐水浸洗10～15分钟。预防：二氯海因，一次量为每立方米水体0.2～0.3g；或二溴海因，一次量为每立方米水体0.2～0.3g；或溴氯海因，一次量为每立方米水体0.2～0.3g，全池泼洒，每15天1次。治疗：发病时可选用磺胺二甲氧嘧啶，或氧氟沙星，或氟甲喹，或氟苯尼考拌饲投喂，一次量分别为每千克鱼体重100～200mg、10～30mg、20～30mg、10～25mg，每天2～3次，连用3～5天。

七、白云病 （White cloud disease）

病原　该病是由荧光假单胞菌感染引起的一种主要危害鲤的常见细菌性传染病。荧光假单胞菌为一种革兰氏阴性短杆菌，无鞭毛，无芽孢，单个或成对排列。

流行病学　主要危害鲤，在四川养殖的江团和鲟中也有发生。多流行于冬春两季，4～6月也有发生，流行水温为6～18℃，常发于稍有流水、水质清瘦、溶氧充足的网箱及流水越冬池中。当鱼体受伤后更易暴发流行，常并发竖鳞病、水霉病，死亡率可高达60%以上，在没有流水的养鱼池中，溶氧低，很少或不发生该病，当水温上升到20℃以上时，该病可不治而愈。

症状　病鱼食欲减退，患病初期可见病鱼头部分泌出大量黏液，在体表形成白点或白斑。随着病程的发展，白点和白斑相互融合，形成一层白色薄膜附着在体表（图2-43）。之后，白色薄膜逐渐蔓延扩大至其他部位，严重时好似全身布着一片白云，以头部、背部及尾鳍等处黏液更为稠密（图2-44）。其中部分病鱼有鳞片脱落或竖起，体表和鳍充血、出血等病变，少数病鱼还出现眼球混浊发白。重者鳞片基部充血，解剖可见肝脏、肾脏充血。

图2-44　患病鲟体表分泌一层白色黏液

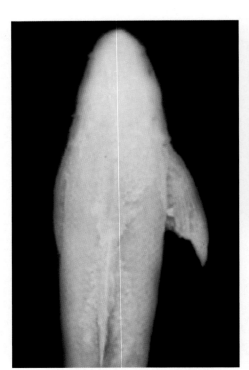

图2-43　患病铜鱼体表分泌大量白色黏液

诊断　根据症状、流行情况等可初步诊断，并须刮取体表黏液进行镜检，排除斜管虫、车轮虫等原虫寄生所致。也可以通过取组织接种于假单胞菌培养基上进行分离病原的确诊。

防治　进箱的鱼种应选择健壮、未受伤的鱼，且进箱前鱼种要用高锰酸钾溶液或盐水等进行药浴，杀灭体表寄生虫及病原菌。预防：聚维酮碘溶液（含有效碘1%），一次量为每立方米水体1～2g，全池泼洒，每15天1次。治疗：福尔马林，一次量为每立方米水体30mL；或新洁尔灭，一次量为每立方米水体0.5～1.0g；或双季铵盐类消毒剂，一次量为每立方米水体0.1～0.3g，用

2～3次。同时拌饲投喂氟苯尼考，一次量为每千克鱼体重10～20mg；或磺胺类药物，一次量为每千克鱼体重第一天100～200mg，第二天起使用剂量减半。每天2～3次，连用5～7天。

八、打印病（Stigmatosis）

病原 该病是由豚鼠气单胞菌点状亚种引起的一种主要危害鲢、鳙和鲈等养殖鱼类的一种细菌性疾病。点状气单胞菌为一种革兰氏染色阴性短杆菌，大小约（0.6～0.7）μm×（0.7～1.7）μm，中轴直形，两侧弧形，两端钝圆，多数两个相连，有运动力。极端单鞭毛，无芽孢。普通琼脂平板上菌落圆形，直径1.5mm左右，菌落微凸，表面光滑、湿润、边缘整齐，半透明，灰白色。适宜生长温度28℃左右，65℃下30分钟死亡，pH 3～11中均能生长。

流行病学 该病一年四季都可发病，以夏秋两季较易发病，28～32℃为其流行高峰期，一般认为该病的发生与操作过程中鱼体受伤有关，主要危害鲢、鳙和鲈等，从鱼种、成鱼直至亲鱼均可发病，感染率有的可高达80%，各养鱼地区均有该病出现。

症状 鱼种和成鱼患病的部位通常在肛门附近的两侧，或尾鳍基部，极少数在身体前部；初期皮肤及其下层肌肉出现圆形或椭圆形红斑，周边充血发红，状似红色印记（图2-45至图2-47）。随着病情的发展，病变处鳞片脱落，肌肉腐烂，病灶逐渐扩大和深度加深，形成溃疡，严重时甚至露出骨骼或内脏（图2-48）。病鱼身体瘦弱，游动缓慢，食欲减退，最终衰竭死亡。

图2-45　患病鲈体表出现圆形病灶　　　　　（仿　黄琪琰）

图2-46　患病丁鱥背侧出现圆形病灶

图2-47　患病齐口裂腹鱼体表形成溃疡灶

图 2-48　患病滇池金线鲃尾柄部出现圆形溃疡灶　（刘淑伟　赠）

诊断　根据病鱼在肛门附近两侧体表出现圆形或椭圆形红斑，状似红色印记的典型症状结合流行情况及病理变化进行初步诊断；通过病原的分离鉴定可进行确诊。

防治　预防：注意保持池水洁净，避免寄生虫的侵袭，谨慎操作勿使鱼体受伤，均可减少该病发生。在疾病流行季节可采用大黄，一次量为每立方米水体 2.5～3.7g，先将大黄用 20 倍重量的 0.3% 氨水浸浴提效后，再连水带渣进行全池泼洒，每 15 天 1 次。治疗：氟哌酸，一次量为每千克鱼体重 30mg；或氧氟沙星，一次量为每千克鱼体重 10mg；或氟甲喹，一次量为每千克鱼体重 20mg。拌饲投喂，每天 2～3 次，连用 3～5 天。

九、鲤科鱼类疖疮病（Furunculosis of carps）

病原　该病是由疖疮型豚鼠气单胞菌感染引起的一种以体表病变为主的细菌性传染病。疖疮型点状产气单胞菌为一种革兰氏阴性短杆菌，菌体两端钝圆，大小为 （0.5～0.6）μm×（1.0～1.4）μm，单个或两个相连，极端单鞭毛，无荚膜，无芽孢。普通琼脂平板上菌落呈圆形，为一种直径 2～3mm、灰白色、半透明菌落，最适培育温度 25～30℃。

流行病学　主要危害青鱼、草鱼、鲤、团头鲂的成鱼，鱼苗及夏花鱼种少见患疖疮病，一般来说高龄鱼有易患疖疮病的倾向。该病无明显的流行季节，一年四季都可发生，一般为散发。

症状　鱼体躯干的局部组织上有一个或几个脓疮，触摸柔软，有波动感。疾病初期，在皮下肌肉内形成感染病灶，随着病灶内细菌繁殖增多，大量中性粒细胞浸入病灶组织，肌肉组织溶解、出血，体液渗出，内充满脓汁、血细胞和大量细菌。到疾病中后期，患部组织液化、向外隆起，用手触摸有柔软浮肿的感觉（图 2-49、图 2-50）。

病理变化　隆起的皮肤先是充血，以后出血，继而坏死，皮肤破溃，脓液流出，形成火山口形的溃疡灶（图 2-51）。切开患处，可见肌肉溶解，呈灰黄色浑浊凝乳状。

诊断　根据该病的症状、流行情况及病理变化，即可作出诊断。不过要注意有些黏孢子虫寄生在肌肉中，也可引起体表隆起，患处的肌肉失去弹性、软化及皮肤充血，如鲫碘泡虫寄生在鲫头后部的背部肌肉中。区别这两种疾病，需检查肌肉中是否有虫体包囊。

图 2-49　患病团头鲂背部疖疮隆起、充血、出血（仿　黄琪琰）

图2-50　患病青鱼背部隆起的疖疮　　　　　　　　　（陈辉　赠）

图2-51　患病鲤胸鳍下疖疮破溃形成溃疡灶　　（仿　王伟俊）

　　防治　预防：漂白粉，一次量为每立方米水体1～1.5g；或30%二氯异氰尿酸钠，一次量为每立方米水体0.2～0.5g；或8%二氧化氯，一次量为每立方米水体0.1～0.3g。全池泼洒，在疾病流行季节每15天1次。治疗：氟苯尼考，一次量为每千克鱼体重10～25mg；或甲砜霉素，一次量为每千克鱼体重40～60mg。拌饲投喂，每天2～3次，连用3～5天。

十、斑点叉尾鮰肠型败血症（Enteric septicemia of Channel catfish）

　　病原　该病是由鮰爱德华氏菌感染引起的一种主要危害斑点叉尾鮰的烈性细菌性传染病。鮰爱德华氏菌为革兰氏染色阴性，菌体短杆状，大小为（0.5～1）μm×（1～3）μm，具周鞭毛，有运动力（图2-52）。繁殖温度为15～42℃，最适温度为31℃左右。

　　流行病学　主要危害斑点叉尾鮰、白叉尾鮰、短棘鮰、云斑鮰等鱼种。流行季节为5～6月和9～10月，流行水温为24～28℃。

　　症状　根据临床症状的不同可以分为急性型和慢性型。急性型：发病急，死亡率高，主要经消化道感染。病鱼腹部膨大，体表、肌肉可见到细小的充血、出血斑（图2-53）和溃疡灶（图2-54），眼球突出，鳃丝苍白而有出血点，腹腔积水，肝、脾、肾肿大、出血，胃、肠道扩张、充血、出血、积液（图2-55至图2-58）。慢性型：主要经神经系统感染，病程较长，常引起发病鱼出现慢性脑膜炎，感染迅速经脑膜到颅骨，最后到皮肤，使皮肤溃烂，最后在头部形成一个溃疡性的病灶（图2-59至图2-60）。

　　诊断　根据流行情况，发病症状可进行初步诊断。确诊需对从靶组织内分离到的革兰氏阴性菌进行鉴定，并结合临诊症状和病理变化进行综合诊断。在苗种阶段，斑点叉尾鮰病毒病可能与本病混淆，可通过临诊症状、病理变化和血清学诊断进行区别。

　　防治　预防：加强饲养管理，改善水体环境条件，合理放养，科学饲喂，经常加注新水，减少应激。聚维酮碘溶液（含有效碘1%），一次量为每立方米水体1～2g，全池泼洒，在疾病流行季节每15天1次。治疗：拌饲投喂磺胺类药，一次量为每千克鱼体重100～200mg；或脱氧土霉素，一次量为每千克鱼体重30～50mg；或氟苯尼考，一次量为每千克鱼体重10～20mg。每天2～3次，连用5～7d。同时全池泼洒8%二氧化氯、溴氯海因，一次量为每立方米水体0.1～0.2g。

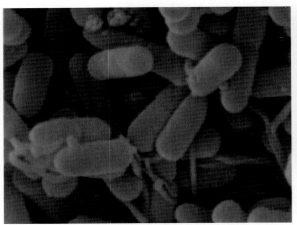

图2-53　患病斑点叉尾鮰下颌、腹部明显出血

图2-52　鮰爱德华氏菌呈短杆状，具鞭毛
（仿　Plumb J A）

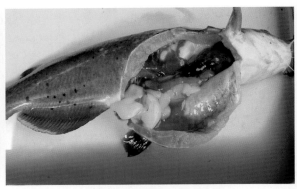

图2-54　患病斑点叉尾鮰体表出现大量的小溃疡灶
（陈辉　赠）

图2-55　患病斑点叉尾鮰肝、脾肿大，腹腔内有大量带血的腹水

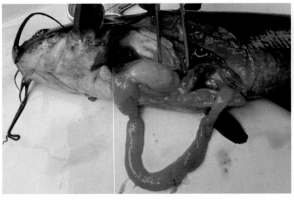

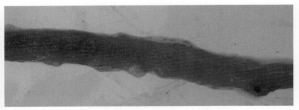

图2-57　患病斑点叉尾鮰肠黏膜充血、出血、肿胀，整个肠黏膜呈红色

图2-56　患病斑点叉尾鮰发生出血性肠炎，肠腔内充满带血的炎性渗出液

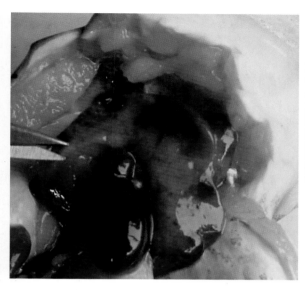

图2-59　患病斑点叉尾鮰头顶部皮肤溃烂

图2-58　患病斑点叉尾鮰肝肿大、充血、出血，
　　　　胆囊扩张，胆汁充盈

图2-60　患病斑点叉尾鮰头顶部皮肤、颅骨溃烂

十一、黄颡鱼红头病 (Red-Head disease of Yellow catfish)

　　该病是近年来发生的一种严重危害养殖黄颡鱼的传染性疾病。由于发病时鱼体头部正中常发生一块颜色鲜红的病灶，因此养殖户称该病为"黄颡鱼一点红"。

　　病原　该病病原主要认为是鮰爱德华氏菌，也有资料报道其为迟缓爱德华氏菌。鮰爱德华氏菌为革兰氏阴性短杆菌（图2-61），菌体大小为 0.5 ～ 1.75μm，在25℃时能运动，但在37℃时不能运动。本菌在培养基上生长缓慢，在血琼脂平板上，30℃培养48小时后，形成直径为1 ～ 2mm 的菌落。最适生长温度为25 ～ 30℃，37℃时生长很慢，甚至不生长。本菌在25℃时分解葡萄糖产气，但在37℃下不产气。鸟氨酸脱羧酶试验阳性，吲哚试验阴性，三糖铁琼脂培养基上硫化氢产生试验阴性，不利用丙二酸盐和柠檬酸盐，不发酵海藻糖、甘露醇、蔗糖和阿拉伯糖产酸，22℃不液化明胶。本菌在池水中可存活8天，在底泥中18℃可存活45天，25℃时在池塘底泥中稳定，可存活90天以上。鮰爱德华氏菌因不产生吲哚与H_2S而容易与迟缓爱德华氏菌区分。

　　流行病学　该病在我国黄颡鱼养殖区广泛流行，如辽宁、吉林、天津、湖北、江苏、四川、重庆等地都有该病的发生。该病主要危害黄颡鱼，尤其是池塘高密度精养黄颡鱼容易发病，也有云斑鮰感染的情况，而同样养殖条件下的其他鱼类(如鲤、鲫、草鱼、鲢、鳙等)不感染。黄颡鱼的鱼苗、鱼种和成鱼都可感染发病，以成鱼和鱼种发病更为严重。发病水温在18 ～ 30℃，在20 ～ 28℃温度范围内暴发流行，环境条件恶化时在30℃以上也可发病。病程长短不一，可从几天到一个月以上，发病率在50%以上，发病后死亡率可达100%。

症状 该病在临床上可分为两种类型：急性败血症型及慢性"红头病"型。急性型发病急，死亡率高，多在水温迅速升高、水质恶化的条件下发生。从开始出现症状到大量鱼发病死亡只需3～5天。发病初期病鱼离群独游、反应迟钝，食欲减退或废绝。病鱼出现头朝上尾朝下，悬垂于水中的特殊姿势，有时呈螺旋状游动，最后沉入水底死亡。病鱼腹部膨大，鳍条基部、下颌、鳃盖、腹部充血、出血，肛门及生殖孔充血、出血、外突（图2-62、图2-63）。剖解腹腔内有大量含血的或清亮的液体，肝肿大，有出血点或出血斑（图2-64），肾脏充血、肿大，脾脏肿大呈紫黑色。肠道扩张、充血、发炎，肠腔内充满气体和淡黄色水样液体。慢性型病程较长，可达一个月或更长。初期病鱼无明显临床表现，随着病程发展，病鱼食欲减退、离群缓游、反应迟钝，甚至出现头朝上、尾朝下、悬垂于水中的特殊姿势，并伴有阵发性痉挛、旋转性侧游、打转等神经性症状。病鱼头顶部充血、出血、发红（图2-65），在颅骨正上方形成一条带状凸起或出血性溃疡带（图2-66、图2-67），严重时头顶穿孔，头盖骨裂开，甚至露出脑组织，因此，称该病为"红头病"或"裂头病"。病理组织学上，急性型的主要表现为肠炎、肝炎、肝细胞空泡变性（图2-68），肌炎和间质性肾炎，肾小管上皮细胞变性、坏死，间质有炎症细胞浸润（图2-69）；慢性型主要表现为脑膜脑炎，脑外面的骨骼与皮肤严重的炎症反应。

诊断 根据临床症状与病理变化可进行初步诊断，确诊需进行病原菌的分离、鉴定或采用荧光抗体技术、酶联免疫吸附试验（ELISA）和PCR等方法进行诊断。

防治 预防：加强饲养管理，保持优良而稳定的水环境与合理的养殖密度为首要任务。治疗：发病时，可选用诺氟沙星或氟甲喹，一次量均为每千克体重20～30mg，拌饲投喂，每天2～3次，连用3～5天；或氟苯尼考，一次量为每千克体重为10～20mg，拌饲投喂，每天2～3次，连用3～5天。同时使用三氯异氰脲酸粉，一次量为每立方米水体0.3～0.5g；或8%二氧化氯，一次量为每立方米水体0.1～0.3g，全池泼洒，每天1次，连用3次有较好的治疗效果。

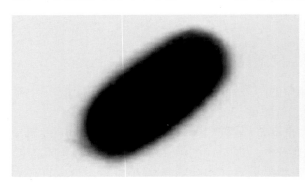

图2-61 鮰爱德华氏菌呈短杆状

图2-62 患病黄颡鱼下颌充血、出血

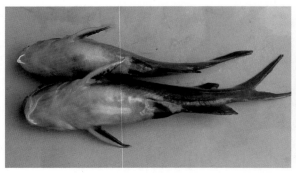

图2-63 急性败血型，下颌、腹部充血、出血

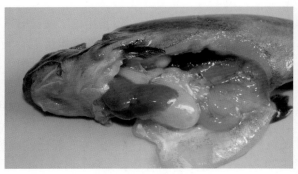

图2-64 患病黄颡鱼肝肿大、出血

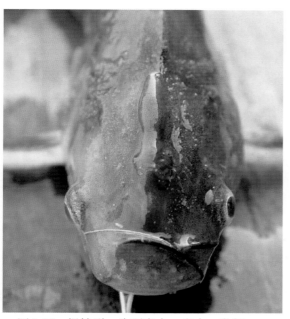

图2-65　慢性型，头顶充血、出血、发红

图2-66　慢性型，头顶形成溃疡

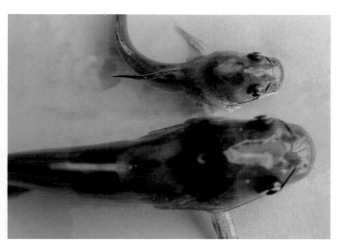

图2-67　慢性型，头顶充血、出血、发红，甚至形成溃疡

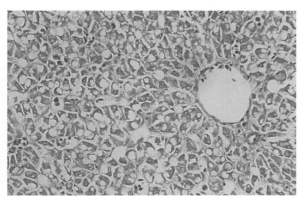

图2-68　肝细胞严重空泡变性（H.E×400）

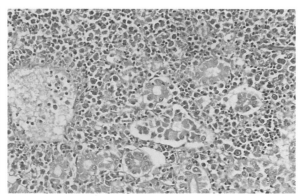

图2-69　肾小管上皮细胞变性、坏死，间质有大量炎症细胞浸润（H.E×400）

十二、斑点叉尾鮰传染性套肠症（Infectious intussusception of Channel catfish）

该病是近年来在我国发生的一种斑点叉尾鮰的新型细菌性传染病，危害极大，从2004年被发现至今，已经连续几年造成了斑点叉尾鮰严重死亡。

病原 该病主要是由斑点叉尾鮰源的嗜麦芽寡养单胞菌引起，有时气单胞菌属的个别菌株和鲁氏耶尔森氏菌感染时，少数病例在斑点叉尾鮰肠道后段有轻微套肠现象，但这些病例套肠的出现率、套肠深度和肠套个数都不及嗜麦芽寡养单胞菌感染病例典型。嗜麦芽寡养单胞菌为革兰氏阴性杆菌（图2-70），极生多鞭毛，鞭毛数≥2（图2-71），无荚膜，无芽孢，接种兔鲜血培养基时呈 β-溶血（图2-72）。

流行病学 该病最早于2004年在四川省成都市的龙泉湖、三台县鲁班湖、仁寿县黑龙滩水库和简阳县三岔湖等地斑点叉尾鮰网箱养殖场发生。之后每年3月下旬或4月初开始发病，直到9月底均是其发病期，但以3～5月高发。发病水温多在16℃以上，并随水温的升高病程缩短。该病在自然情况下主要感染斑点叉尾鮰，鱼苗、鱼种和成鱼均可感染，其他鮰科鱼类也可感染，发病急，死亡快，病程短，一般病程在2～5天，发病率在90%以上，死亡率90%以上，严重的达100%。

症状 发病初期病鱼表现为游动缓慢，靠边或离群独游，食欲减退或丧失，病鱼垂死时出现头向上、尾向下，垂直悬挂于水体中的特殊姿势（图2-73）；鳍条基部、下颌及腹部充血、出血（图2-74）。随病程的发展病鱼腹部膨大，体表出现大小不等的、色素减退的圆形或椭圆形的褪色斑（图2-75）；最后病鱼沉入水底死亡，当提拉网箱检查时箱底沉有大量的死鱼。发病率90%左右，死亡率80%以上。病死鱼的剖解变化主要表现为腹部膨大，肛门红肿、外突，有的鱼甚至出现脱肛现象（图2-76、图2-77），后肠段的一部分脱出到肛门外，剖开体腔，腹腔内充满大量清亮或淡黄色或含血的腹水，胃肠道内没有食物，肠腔内充有大量含血的黏液，肠道发生痉挛或异常蠕动，常于后肠出现1～2个肠套叠（图2-78至图2-81），部分鱼还见前肠回缩进入胃内的现象。肝肿大，颜色变淡发白或呈土黄色，部分鱼可见出血斑，质地变脆，胆囊扩张，胆汁充盈；脾、肾肿大、淤血，呈紫黑色（图2-82）；部分病鱼可见鳔和脂肪充血和出血。

病理变化 主要表现为肝脏严重水肿，肝细胞离散，溶解坏死（图2-83）。肾脏呈肾小球肾炎表现，且肾间造血组织坏死，炎症细胞浸润（图2-84）。体壁肌肉呈坏死性肌炎变化，肌间出血、水肿，肌细胞变性、坏死，肌浆溶解（图2-85）。

诊断 根据该病的症状与病理变化可以作出初步诊断，该病主要表现为体表（特别是腹部和下颌）充血、出血，褪色斑和肠道发生脱肛，特别是肠套叠是该病的特征性变化，而且这种肠套叠的出现率很高，可达60%～95%，这种特征性的损伤具有重要的证病意义。对该病的确诊需从靶组织内分离到的革兰氏阴性嗜麦芽寡养单胞菌。

防治 预防：加强饲养管理，选育健壮抗病力强的优良斑点叉尾鮰苗种。鱼苗、鱼种下塘前可按每立方米水体5～10mg浓度的高锰酸钾水溶液药浴5～15分钟。治疗：采取药物外用与内服结合治疗。复方新诺明，第一天每千克体重100mg，第二天开始药量减半，拌在饲料中投喂，5天为一个疗程；氟哌酸、氧氟沙星一次量均为每千克体重10～30mg，制成药饵投喂，每天2～3次，连用3～5天；阿奇霉素、庆大霉素、丁胺卡那和强力霉素、氟苯尼考等，一次量为每千克体重5～20mg，拌饲投喂，每天2～3次，连用3～5天为一个疗程；外用聚维酮碘溶液（含有效碘1%），一次量为每立方米水体1～2g，全池泼洒。二氧化氯，一次量为每立方米水体0.1～0.3g；或二氯海因，一次量为每立方米水体0.2～0.3g。全池泼洒，每天1次，连用1～2天。

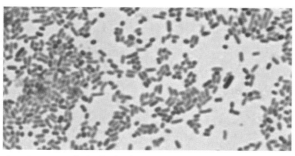

图2-70 嗜麦芽寡养单胞菌呈革兰氏染色阴性，
短杆状

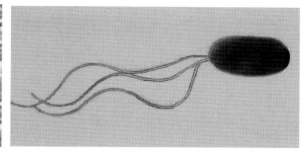

图2-71 嗜麦芽寡养单胞菌极生端鞭毛

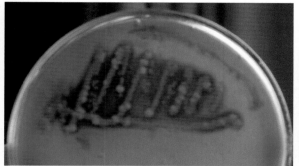

图2-72 嗜麦芽寡养单胞菌在兔鲜血培养基呈
β-溶血

图2-73 患病垂死鱼头朝上、尾向下，垂直悬挂
于水体中

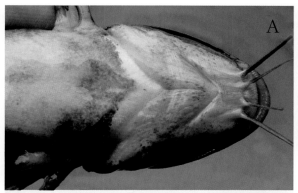

图2-74 患病斑点叉尾鮰下颌充血、发红、有出血
点（A、B）

图2-75　患病鱼体表出现特殊褪色斑

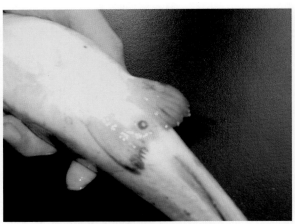

图2-76　患病鱼出现肛门发红

图2-77　患病鱼出现罕见的脱肛现象

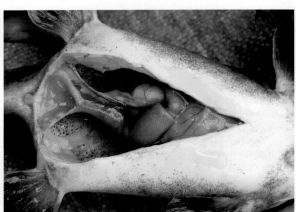

图2-78　患病鱼解剖可见腹水和肠套叠现象

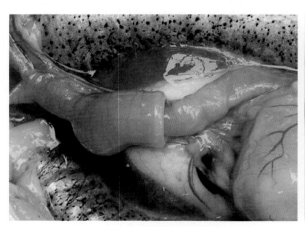

图2-79　患病鱼解剖可见肠套叠现象

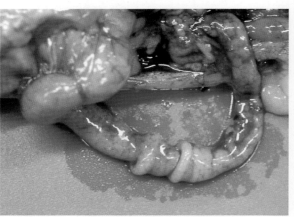

图2-80　严重患病鱼肠道常可见两个套叠

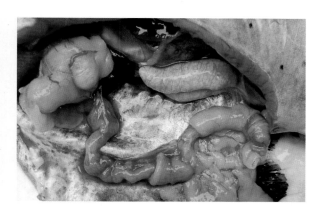

图2-81　严重患病鱼肠道常可见两个套叠，后肠
　　　　段出现坏死性栓子

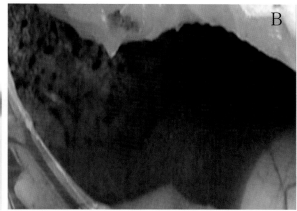

图2-82　患病鱼肝脏和肾脏出现严重病变
A. 肝肿大、变性，呈土黄色；B. 肾肿大、淤血，呈紫黑色

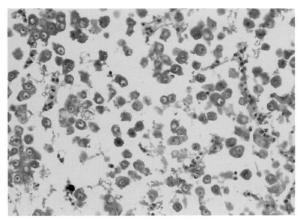

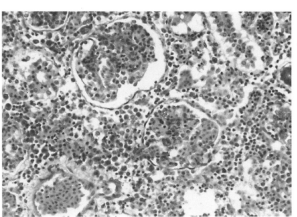

图2-83　肝水肿，细胞离散，溶解坏死
　　　　（H.E×200）

图2-84　肾小球充血肿大，肾间造血组织坏死，
　　　　炎症细胞浸润（H.E×200）

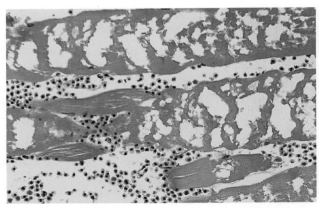

图2-85 肌间出血、水肿，肌细胞变性、坏死，肌浆溶解 （H.E×400）

十三、柱形病 （Columnaris disease）

病原 该病是由柱状黄杆菌感染引起的一种传染性疾病，也称马鞍病、棉丝病、口腔棉丝病以及烂鳍病。柱状黄杆菌为严格好氧的革兰氏阴性菌，无鞭毛，菌体呈弯曲的长杆状或丝状 （图2-86），大小为0.5μm×（2～30）μm。该菌在贫营养培养基上具有较好的生长能力，在Shieh琼脂培养基上生长的菌落呈黄色或棕黄色，菌落边缘呈假根须状，这种现象与细菌的滑行能力有关。

流行病学 该病是一种破坏性严重的细菌性疾病，可危害包括斑点叉尾鲴、草鱼、鲤、鲫、鳗鲡、虹鳟、罗非鱼、褐鳟、金鱼和丁鱥等鱼类。在春、夏、秋季都可发生，流行水温为15～32℃，多出现在水温20℃以上的春末至初秋，死亡率可达到75%以上。该病的发生常与各种应激因素有关，如高温、密度过大、机械损伤、水质恶化等。

症状 患病鱼通常会出现烂鳃、鳍条腐烂和体表损伤等典型症状。患病鱼的鳍、吻、鳃和体表出现棕色或棕黄色的病灶 （图2-87至图2-90），病灶周围充血、出血、发炎，体表形成一由白色带状物围绕的似马鞍状的病灶 （图2-91至图2-95），这种病灶具有一定的特征性；随病程的发展，病灶皮肤受损，形成中心开放性的溃疡，露出其下的肌肉组织；鳃黏液分泌增多，鳃丝末梢出现褐色的坏死组织，以后逐步扩展至基部从而使整个鳃丝腐烂 （图2-96至图2-98）。在一定温度条件下，患病斑点叉尾鲴也可继发感染水霉。

病理变化 主要表现为鳃小片呼吸上皮细胞坏死、崩解，鳃小片断裂，结构完全破坏，仅剩残存的鳃丝软骨，并有大量炎性细胞浸润 （图2-99），肌肉也发生坏死性肌炎 （图2-100）；病情严重或继发感染时，患病鱼组织病理上还可观察到增生性脾炎、肝组织间质水肿以及肝细胞空泡变性等。

诊断 根据症状、病变与流行病学，取病变组织涂片并进行革兰氏染色，若发现长杆状且能弯曲的红染菌体，即可初诊 （图2-101）。准确的诊断需进行病原的分离鉴定或采用免疫学方法与分子生物学方法进行诊断，如荧光抗体试验 （FAT）、酶联免疫吸附试验 （ELISA）、16S rDNA序列分析、聚合酶链式反应 （PCR）和AFLP等。

防治 预防：应保持养殖水体的清洁，控制放养密度，减少应激等。同时可用季铵盐类消毒药，一次量为每立方米水体0.5～1g，浸浴，每天1次，连用3天。治疗：坚持内服加外用的原则，5%戊二醛溶液，一次量为每立方米水体0.4g，用水稀释300～500倍，全池泼洒，每天1

次，连用2天；同时选用氟苯尼考，一次量为每千克鱼体重20～30mg，拌饲投喂，每天2～3次，连用5～7天；或沙拉沙星，一次量为每千克鱼体重10～30mg，拌料投喂，每天2～3次，连用5～7天。

图2-86　柱状黄杆菌菌体形态

A.长杆状菌体革兰氏染色呈阴性；B.电镜下负染菌体呈长杆状；C.电镜下负染菌体呈弯曲状

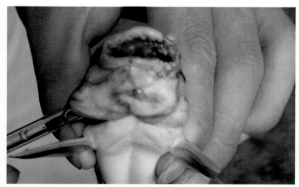

图2-87　患病斑点叉尾鮰口腔出现棕黄色的病灶，下颌充血、出血

图2-88　患病斑点叉尾鮰吻部出现黄褐色坏死性黏附物

图2-89 患病斑点叉尾鮰下颌出现黄褐色坏死性黏附物

图2-90 患病斑点叉尾鮰下颌出现黄褐色附着物，尾柄褪色，继发感染水霉以及尾鳍腐烂

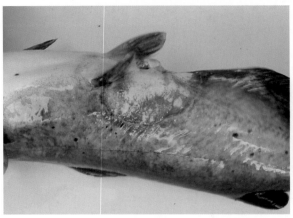

图2-91 患病斑点叉尾鮰体表出现不规则的褪色灶

图2-92 患病丁鲅背部出现马鞍状褪色灶

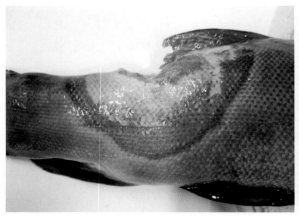

图2-93 患病丁鲅背部出现马鞍状溃疡灶

图2-94 患病斑点叉尾鮰尾柄处出现马鞍状溃疡灶

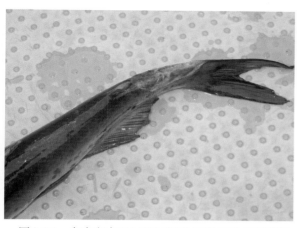

图2-95　患病斑点叉尾鮰尾柄处出现马鞍状溃疡灶

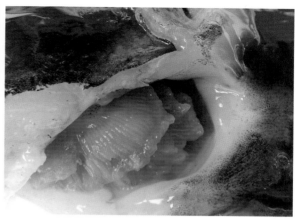

图2-96　患病斑点叉尾鮰鳃丝肿胀，并发生坏死溃烂

图2-97　患病斑点叉尾鮰鳃丝出现灰白色坏死灶

图2-98　患病丁鲅鳃丝腐烂

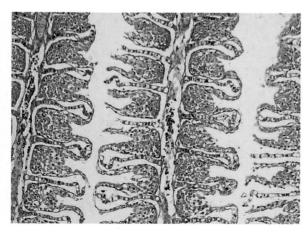

图2-99　呼吸上皮增生、肿胀浮离，部分区域鳃小片上皮细胞坏死、脱落（H.E×100）

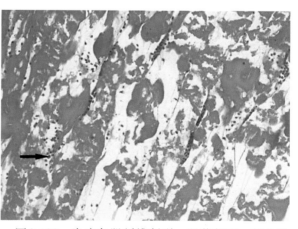

图2-100　患病鱼肌纤维断裂，肌浆凝固，部分肌浆溶解成蜂窝状（H.E×200）

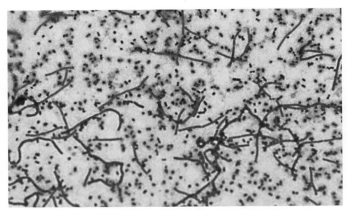

图2-101　患病鱼病变部位组织涂片染色，观察
到长短不一的柱状红染菌体

十四、斑点叉尾鮰链球菌病（Streptococcosis of Channel catfish）

病原　该病是近年来发现的一种能引起斑点叉尾鮰急性死亡的新型细菌性传染病。该病初步认为是由海豚链球菌感染引起。菌体圆形，大小为0.7μm×1.4μm，革兰氏阳性，呈2个连接或长链状排列（图2-102、图2-103），无运动力。在血平板上呈透明的β溶血环。该菌生长的温度范围为10～45℃，最适温度为20～37℃。生长的pH为3.5～10，最适pH为7.6。

流行病学　该病最早出现于2009年6～8月，在广西某水库网箱养殖的斑点叉尾鮰中暴发性发生，其发病率、死亡率均高达90%，给斑点叉尾鮰的健康养殖带来极大威胁。链球菌感染斑点叉尾鮰在国内报道较少，而在罗非鱼、大菱鲆、真鲷、虹鳟等鱼类已有较多感染发病的报道，多流行于5～9月份。

症状　患病鱼离群独游，在水面缓缓游动，或呈螺旋状旋转游动，或靠在网箱边呆滞不动。多数病鱼鳍条充血，下颌、体侧、腹部以及尾柄部有大量针尖状出血点和线状出血（图2-104至图2-107），肛门红肿外突。部分病鱼不表现出任何明显的症状而发生急性死亡。解剖见腹膜斑点状出血（图2-108），肝脏、胃等器官严重充血及出血，质脆；肠道发生急性炎症，肠壁变薄、充血、出血，胃扩张、充血、出血（图2-109至图2-111），一些病鱼腹腔内出现含血腹水。

病理变化　主要表现为肝、肾实质细胞严重变性、坏死（图2-112、图2-113），以及增生性脾炎（图2-114）。

诊断　根据流行病学和典型症状，结合组织器官触片观察，若发现有链状球菌（图2-115），则可作出初诊。经过对病原菌的分离，并对分离的病原菌做细菌学的生理、生化和分子生物学鉴定，或在靶器官组织观察到海豚链球菌菌体（图2-116至图2-120），则可确诊。

防治　目前，对该病的防治仍然要坚持预防为主，防重于治的原则。预防：在疾病流行季节全池泼洒漂白粉或三氯异氰脲酸粉，或8%二氧化氯，一次量每立方米水体用量分别为1.0～1.5g、0.3～0.5g、0.1～0.3g，每15天1次。同时内服土霉素和强力霉素，一次量为每千克鱼体重30～50mg，拌饲投喂，每天2～3次，连用7天。治疗：在疾病暴发以后，可内服庆大霉素，一次量为每千克鱼体重20～30mg，拌饲投喂，每天2～3次，连用5天；或氟苯尼考，一次量为每千克鱼体重10～30mg，拌料投喂，每天2～3次，连用5天；或盐酸强力霉素、或螺旋霉素、或盐酸林可霉素，一次量为每千克鱼体重分别为40～50mg、25～40mg、30～40mg，拌饲投喂，每天2～3次，连用7～10天。

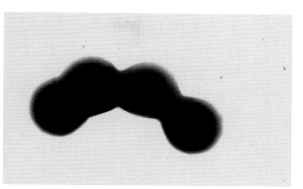

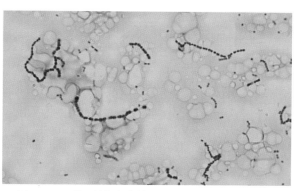

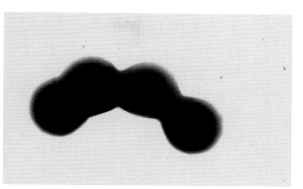

图2-102 海豚链球菌革兰氏染色呈阳性链状

图2-103 海豚链球菌电镜负染观察呈链状

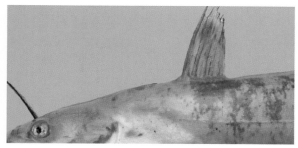
图2-104 患病斑点叉尾鮰沿鳍的软骨条呈线状的出血

图2-105 患病斑点叉尾鮰体表点状出血和鳍的充血、出血

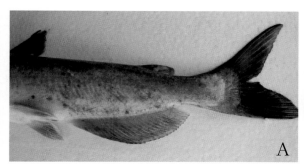
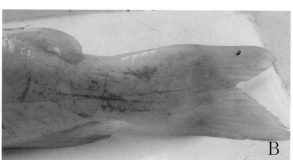
图2-106 患病斑点叉尾鮰体表线状与点状出血

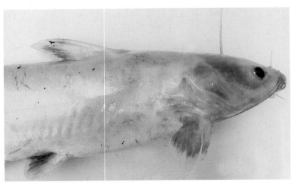

图 2-107　患病斑点叉尾鮰体表针尖状出血点

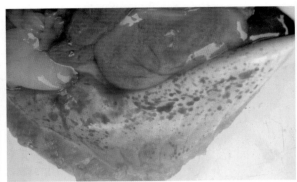

图 2-108　患病斑点叉尾鮰腹膜内壁出血

图 2-109　患病斑点叉尾鮰内脏器官广泛充出血，
肠道严重充血发红

图 2-110　患病斑点叉尾鮰肝脏、胃和肠充血、出血

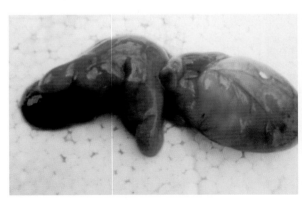

图 2-111　肝、胃扩张、充血、出血

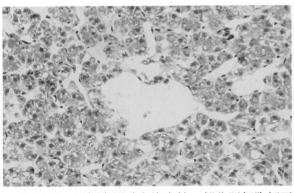

图 2-112　肝细胞严重空泡变性，部分肝细胞坏死
（H.E×400）

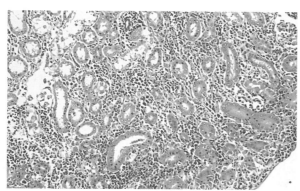

图2-113　肾小管上皮细胞变性，间质内炎症细胞浸润（H.E×200）

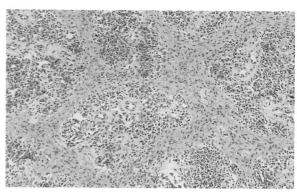

图2-114　脾组织充血、出血，淋巴细胞减少，成纤维细胞显著增生（H.E×200）

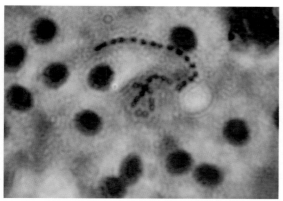

图2-115　肝脏触片可见链状球菌

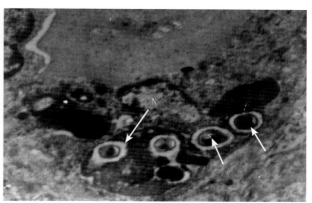

图2-116　在脾血窦上皮细胞内观察到的海豚链球菌

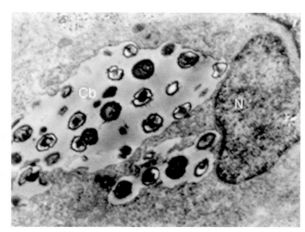

图2-117　脾脏中检测到的病原菌

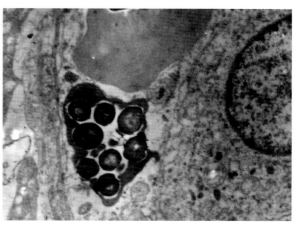

图2-118　在肝细胞间质中观察到的海豚链球菌

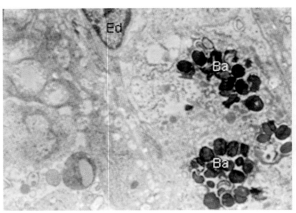

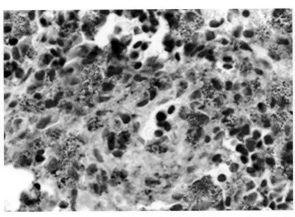

图2-119　肝血窦内成团的病原菌

图2-120　脾脏中细胞间质检测到的病原菌阳性信号（免疫组化）

十五、斑点叉尾鮰耶尔森氏菌病（Yersiniosis of Channel catfish）

鲁氏耶尔森氏菌病，在鲑鳟上又称红嘴病，近年来发现斑点叉尾鮰也易感染发病，并引起大量死亡。

病原　鲁氏耶尔森氏菌是一种革兰氏阴性杆菌（图2-121），菌体大小为（1.0～2.0）μm×（2.0～3.0）μm，有7～8根鞭毛，20℃培养有运动能力，37℃培养无运动能力，普通营养琼脂培养基上，菌落呈灰白色、圆形，表面光滑，中央隆起，边缘整齐透明，直径0.5～1.0mm；在兔血营养琼脂平板上不溶血。

流行病学　该病主要危害鲑鳟鱼类，包括虹鳟、褐鳟、溪红点鲑、太平洋鲑、大西洋鲑、银大麻哈鱼、克氏鲑和大鳞大麻哈鱼等，也存在于加拿大白鲑、湖白鲑、江鳕、金鱼等非鲑科鱼类，同时可感染鲢、鳙，也可引起人工养殖的斑点叉尾鮰发病死亡，死亡率高达85%。该病流行的高峰期在水温15～18℃时，水温降到10℃以下则减少。

症状　患病鱼嗜睡、游动无力、聚集在水体表面。患病鱼主要表现为体表出血，头部、口腔、下颌、腹壁、体侧有出血点（图2-122至图2-124），尤以眼眶周围、下颌和腹部明显，鳍条基部或整个鳍条充血、出血，肛门红肿外突、出血（图2-125、图2-126）；解剖观察发现患病鱼的内脏器官有不同程度的出血，腹膜斑状出血（图2-127、图2-128），肝脏出血肿大、质脆，脾脏严重出血呈紫黑色，鳔内外膜斑状出血（图2-129至图2-132），胃黏膜充血、出血，肠道扩张充满红色黏液，脂肪、性腺均有不同程度的出血。

病理变化　主要以胃肠道、肝脏及肾脏的变化最严重，胃肠黏膜上皮严重脱落，胃腺细胞溶解坏死（图2-133）；肝肾实质细胞严重变性、坏死（图2-134、图2-135）；骨骼肌水肿、肌纤维溶解坏死。

诊断　结合该病流行病学特点，根据患病鱼的主要症状，可以对鲁氏耶尔森氏菌病作出初诊。根据病原学的鉴定或采用免疫学方法与分子生物学方法鉴定，可以对鲁氏耶尔森氏菌病确诊。

防治　该病的防治应重点把握预防为主、防重于治的原则。预防：在养殖生产中应保持养殖水体的清洁，控制放养密度，减少应激。治疗：当疾病发生时，可用10%的聚维酮碘，一次量为每立方米水体 0.5～1.0mL，全池泼洒，每15天1次。同时内服氟苯尼考，一次量为每千克鱼体重10～30mg，拌饲投喂，每天2次，连用3～5天；或强力霉素，一次量为每千克鱼体重

30～50mg，拌饲投喂，每天2次，连用3～5天。同时在饲料中添加维生素，如维生素C，一次量为每千克饲料1克，每天2次，连用5天；维生素K，一次量为每千克饲料200mg，拌饲投喂，每天2次，连用5天。

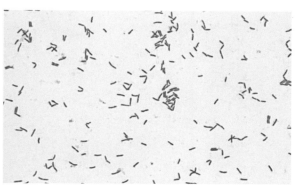

图2-121　鲁氏耶尔森氏为革兰氏染色阴性的杆菌

图2-122　患病斑点叉尾鮰口腔周围充血、出血（背面观）

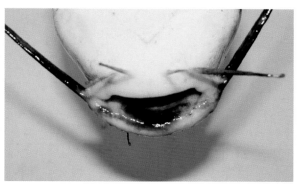

图2-123　患病斑点叉尾鮰口腔周围充血、出血（腹面观）

图2-124　患病斑点叉尾鮰体表充血、出血

图2-125　患病斑点叉尾鮰尾鳍充血、出血

图2-126　患病斑点叉尾鮰鳍条出血、肛门红肿

图2-127　患病斑点叉尾鮰腹膜斑状出血

图2-128　患病斑点叉尾鮰前肠道肠腔内充满炎性液体，后肠出现轻微的肠套现象

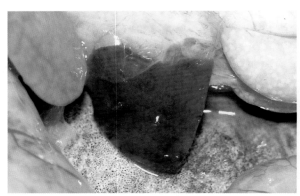

图2-129　患病斑点叉尾鮰脾脏肿大、淤血、出血

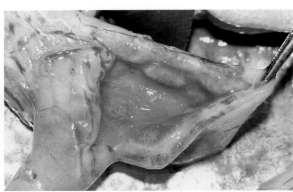

图2-130　患病斑点叉尾鮰胃充满炎性黏液，胃黏膜严重充血、出血、发红

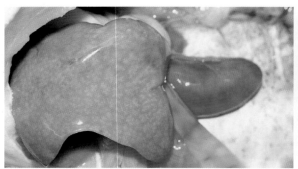

图2-131　患病斑点叉尾鮰肝脏肿大、胆囊充盈

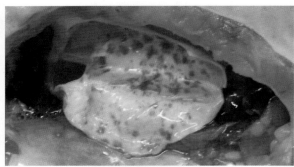

图2-132　患病斑点叉尾鮰鳔斑状出血

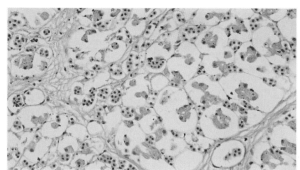

图2-133 胃腺细胞溶解坏死（H.E×400）

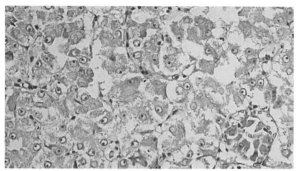

图2-134 肝细胞变性、坏死、溶解（H.E×400）

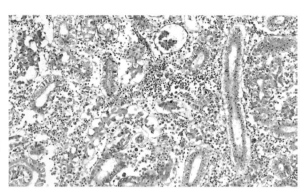

图2-135 肾组织坏死，肾间质炎症细胞浸润
（H.E×200）

十六、体表溃疡病（Ulceration of skin）

病原 该病是以体表出现大小不等的溃疡为特征的危害多种水生动物的常见疾病。目前，已报道的溃疡病病原主要有嗜水气单胞菌、温和气单胞菌和豚鼠气单胞菌等。

流行病学 该病可危害多种养殖品种，如鲤、白鲢、南方大口鲇、斑点叉尾鮰、乌鳢、加州鲈等。水温在15℃以上开始流行，发病高峰是5～6月。外伤是该病发生的一重要诱因。

症状 疾病初期，病鱼体表部分区域颜色变淡，呈近圆形或不规则形褪色，褪色部位的周围可能伴随出现明显的充血和出血。随着病程的发展，病灶处的鳞片脱落、表皮坏死、脱落，露出皮下肌肉，严重的肌肉层严重坏死，形成深浅不一的溃疡（图2-136至图2-139），部分病例溃疡极深，露出骨骼和内脏，病鱼最终衰竭而死亡。

病理变化 主要表现在肝脏严重脂肪变性；肾间质出血及肌肉出现凝固性坏死，呈坏死性肌炎的表现（图2-140）。

诊断 根据症状和病理变化作出初步诊断。使用病原的分离鉴定与荧光抗体技术、免疫对流电泳等免疫学技术等可确诊。

防治 加强综合防治措施，实施健康养殖。预防：全池泼洒三氯异氰脲酸粉，一次量为每立方米水体0.3～0.5g；或8%二氧化氯、溴氯海因，一次量为每立方米水体0.1～0.2g；每千克鱼体重用鱼腥草100g，黄连10g，黄芩30g，千里光50g，金银花30g，煎汁，拌饲投喂。治疗：拌饲投喂病原敏感性药物，如脱氧土霉素，一次量为每千克鱼体重30～50mg；或氟苯尼考，一次量为每千克鱼体重10～20mg。每天2～3次，连用5～7天。

图2-136　患病鲟体表形成溃疡灶

图2-137　患病鲤体表形成溃疡灶

图2-138　患病斑点叉尾鮰体侧形成溃疡灶

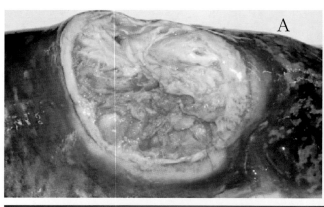

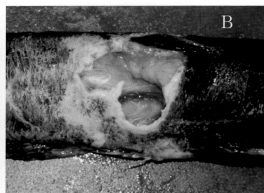

图2-139　患病南方大口鲇体侧和尾部形成溃疡灶

A、B.患病鱼体侧形成溃疡灶；C、D.患病鱼尾部严重肌肉腐烂，露出骨骼

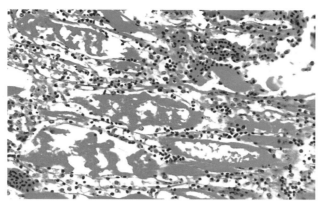

图2-140　溃疡部位肌肉呈坏死性肌炎表现（H.E×200）

十七、烂尾病（Tail-Rot disease）

病原　该病是由嗜水气单胞菌、温和气单胞菌或豚鼠气单胞菌感染引起的一种水生动物常见细菌性疾病。

流行病学　池塘、水族箱、网箱、网围、网栏、水库中养殖的草鱼、斑点叉尾鮰、罗非鱼、鳗鲡、暗纹东方鲀、鲤、鲫等多种淡水鱼都可感染发病。该病发病多集中在春季，25℃以上时最易发生。该病无品种特定性，几乎所有的水产养殖品种均可感染发病，全国各地均有发生。机体受伤是一重要诱因，当鱼尾部被擦伤，或被寄生虫等损伤后，加上鱼体抵抗力下降，水质污浊，养殖密度高，水中病原菌较多时，就容易暴发流行，引起鱼种大批死亡；成鱼也可感染该病，但一般死亡率较低。

症状　在发病初期，病鱼游动缓慢，食欲减退，严重时停止摄食。病鱼尾柄处皮肤变白，尾鳍及尾柄处充血、发炎，鳍条末端蛀蚀，鳍间组织被破坏，鳍条散开，形成蛀鳍；最后，尾鳍大部或全部断裂，其皮肤肌肉溃烂，只剩下支撑的骨骼，呈刷把样（图2-141至图2-144），常继发水霉感染。

诊断　根据外观症状可初步诊断；确诊需做进一步细菌分离、培养与鉴定。

防治　该病应坚持预防为主、防重于治的疾病防治原则。生产中应保持养殖水体清洁，控制放养密度。在疾病流行季节，全池泼洒三氯异氰脲酸粉，一次量为每立方米水体0.3～0.5g；或8%二氧化氯、溴氯海因，一次量为每立方米水体0.1～0.2g；或遍洒福尔马林，一次量为每立方米水体30mL。同时拌饲投喂氟哌酸，一次量为每千克鱼体重30mg；或脱氧土霉素，一次量为每千克鱼体重30～50mg；或氟苯尼考，一次量为每千克鱼体重10～20mg。每天2～3次，连用5～7天。

十八、黄鳝出血性败血症（Hemorrhagic septicemia of Rice field eel）

病原　该病是严重危害黄鳝健康养殖的一种接触性传染性疾病。病原主要是气单胞菌属的细菌，如嗜水气单胞菌、温和气单胞菌。

流行病学　该病对黄鳝危害极大，各个生长阶段的黄鳝均可感染发病，发病严重的养殖场发病率和死亡率可高达90%以上。流行时间为3～11月，高峰期为6～9月，流行水温20～28℃。密度过高、水质不良和受伤是该病发生的重要诱因。

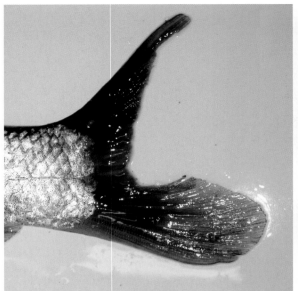

图2-141　患病白甲鱼尾鳍腐烂

图2-142　患病斑点叉尾鲴尾鳍腐烂

图2-143　患病斑点叉尾鲴尾鳍及尾部肌肉严重
　　　　　腐烂

图2-144　患病草鱼尾鳍溃烂、断损

　　症状　病鳝食欲减退，严重时食欲废绝。病鳝浮出水面呼吸，不停地打圈翻动，并很快死亡。病鳝下颌、体表出现大小不一的出血斑或呈严重的弥漫性出血，以腹部出血最为明显（图2-145至图2-147）。可见肛门严重红肿、外翻。将病鳝尾部提起，将其倒置，可见大量红色的血状液体从口腔中流出。剖解见胸腹腔内有较多含血液体、心外膜、内膜出血，肝肿大，有绿豆大小的出血斑，肠道充血、出血。

　　诊断　根据临床症状、病变及流行情况，特别是体表及内脏器官的广泛性出血可初步诊断。确诊需对致病病原进行分离、鉴定。

　　防治　预防：黄鳝出血性败血症对黄鳝的危害极大，故养殖生产中应及早进行疾病的预防。在疾病流行季节，用三氯异氰脲酸粉或生石灰，一次量分别为每立方米水体0.3～0.5g、30g，全池泼洒消毒。同时内服维生素C，一次量为每千克鱼体重50～80mg，可预防该病。治疗：该病一旦发生，可用8%二氧化氯，一次量为每立方米水体0.4 g，全池泼洒，每天1次，连续2～3次。同时内服强力霉素或四环素，一次量为每千克鱼体重50～80mg，拌饲投喂，每天2～3次，连用5～7天。

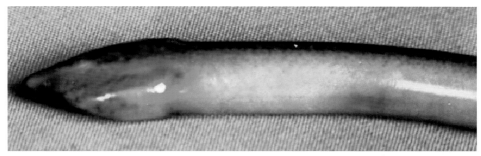

图2-145　患病黄鳝下颌明显充血、出血　　　　　　　　　　　（温安祥　赠）

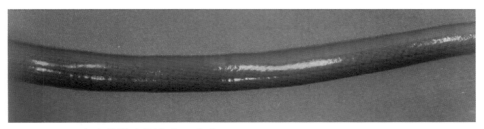

图2-146　患病黄鳝腹部充血、出血

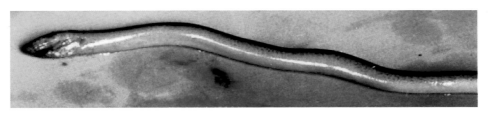

图2-147　患病黄鳝体表出现大量出血斑点　　　　　　　　　　（温安祥　赠）

十九、泥鳅细菌性败血症（Bacterial septicemia of Oriental weatherfish）

病原　该病是由维氏气单胞菌感染引起的一种严重危害泥鳅养殖的传染性疾病。

流行病学　各生长阶段的泥鳅都可感染，全国各地均可发生，流行季节为5～9月，水温25℃左右时是其发病高峰期，发病率高达80%以上，死亡率达50%左右。水质恶化、体表受伤是该病发生的重要诱因。

症状　病鳅食欲下降，甚至完全丧失，活动缓慢，在进水处或近池边水面悬垂，继而发生死亡。病鳅体表黏液增多，体表充血、出血、发红（图2-148、图2-149），肛门红肿，在腹部与体侧出现突起、边缘发红的病灶（图2-150），甚至发生皮肤、肌肉腐烂，出现圆形溃疡灶（图2-151）。剖解见腹腔内有大量红色或淡黄色腹水，肝、肾和脾明显肿大、充血、出血，肠壁变薄，肠腔内充有大量含血黏液，肠黏膜充血、出血。

病理变化　镜下可见肌纤维严重变性、坏死、断裂、崩解（图2-152）；肝细胞严重空泡变性、坏死；肾组织炎性水肿，肾小管上皮细胞肿胀、变性。

诊断　根据症状、病变和流行情况，特别是病鳅腹部与体侧出现突起、边缘发红的病灶可初步诊断，确诊需进行病原的分离与鉴定。

防治　预防：聚维酮碘溶液（含有效碘1%），一次量为每立方米水体1～2g；或二氯海因，一次量为每立方米水体0.2～0.3g；或二溴海因，一次量为每立方米水体0.2～0.3g。全池泼洒，在疾病流行季节每15天1次。治疗：氟苯尼考，一次量为每千克鱼体重10～20mg；或甲砜霉素，一次量为每千克鱼体重15～30mg。拌饲投喂，每天2～3次，连用3～5天。同时外用8%二氧化氯，一次量为每立方米水体0.1～0.3g，全池泼洒，每天1次，连用1～2次。

图2-148　患病泥鳅头部充血、肿胀　　　　（陈辉　赠）

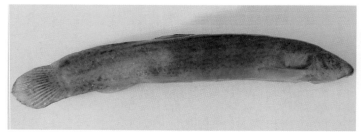

图2-149　患病泥鳅体表充血、出血　　　　（陈辉　赠）

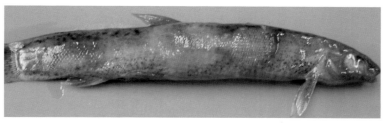

图2-150　患病泥鳅体表出现红色、突起的症状

图2-151　患病泥鳅身体多处出现溃疡灶　　　　（陈辉　赠）

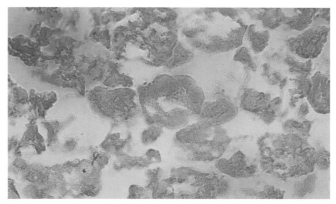

图2-152　肌纤维严重变性坏死，肌浆凝固、断裂、崩
解（H.E×400）

二十、鳗鲡红点病（Red-spot disease of eel）

病原　该病是由鳗败血假单胞菌感染引起，以鳗鲡体表全身各处点状出血为特征的一种危害极大的传染性疾病。鳗败血假单胞菌属假单胞菌科的细菌。菌体大小为$0.4\mu m×2\mu m$，有荚膜，极端单鞭毛。运动性随培养条件而变化，15℃培养时显示有动力，而25℃培养时几乎无动力。能在普通琼脂平板上生长，但生长缓慢，72小时后形成圆形、隆起、带灰色光泽、透明、黏稠、直径在1mm以上的菌落。该菌在血平板上生长良好。温度$5\sim30℃$之间均能生长，生长适温为$15\sim20℃$。在含NaCl $0.1\%\sim4\%$的培养基上生长，在含NaCl $0.5\%\sim1.0\%$时生长良好。在pH $6.5\sim10.2$均能生长，最适pH为$7.8\sim8.3$。

流行病学　该病仅在咸淡水中流行，带菌鳗鲡是主要传染源，主要危害日本鳗及欧洲鳗，流行水温$12\sim25℃$，30℃以上疾病即可缓解或终止流行。在日本、英国及我国台湾、福建等省均有流行。

症状　病原菌可能由体表微小伤口处侵入，在真皮疏松结缔组织处形成内感染病灶，并侵入血管，引起全身转移病灶。病鱼体表各处点状出血，尤以下颌、鳃盖、胸鳍基部及躯干部

（图2-153、图2-154）为严重。病鱼出现上述症状后，一般在1～2天内死亡。如将这些病鱼放入容器内，鱼激烈游动，接触容器的部位急速出现出血点，含血的黏液甚至可弄污容器。

病理变化　剖检腹膜可见点状出血；肝脏肿大，淤血严重，呈网状或斑纹状暗红色；肾脏也肿大软化，可见淤血或出血引起的暗红色斑纹；脾脏肿大，呈暗红色，也有的呈贫血、萎缩；肠壁充血，胃松弛。

诊断　根据病鱼体表各处点状出血，用手摸病鱼患部，有带血的黏液粘手，即可做出初步诊断；确诊需进行病原分离鉴定。

防治　预防：加强饲养管理与平时的消毒工作，尽量降低水的盐度或将水温升高到28℃以上，有较好的预防作用。治疗：聚维酮碘或二溴海因，一次量分别为每立方米水体0.2g、0.1～0.3g，全池泼洒，每天1次，连用2～3次。中药使用黄连，一次量为每立方米水体15～20g（5倍水煎开0.5小时后取汁），全池泼洒，每天1次，连用2～3次。氟苯尼考，一次量为每千克鱼体重10～25mg，拌饲投喂，每天2～3次，连用5天。

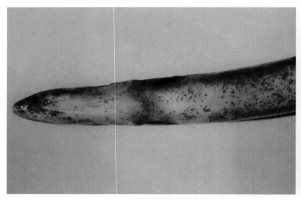

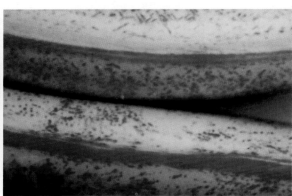

图2-153　患病鳗鲡下颌、腹部明显点状出血　　　　图2-154　患病鳗鲡腹部点状出血，鳍条出血

（仿　中井敏博）　　　　　　　　　　　　　　　（仿　中井敏博）

二十一、鳗鲡弧菌病（Vibriosis of eel）

病原　该病是由鳗弧菌感染引起的一种严重危害鳗鲡健康养殖的常见细菌性传染病。鳗弧菌呈短杆状，稍弯曲，两端圆形，（0.5～0.7）μm×（1～2）μm，以单极生鞭毛运动，无荚膜，无芽孢，革兰氏阴性。生长温度为10～35℃，最适生长温度为25℃左右。生长盐度（NaCl）为0.5%～6.0%，甚至7.0%，最适生长盐度为1.0%左右。生长pH范围6.0～9.0，最适生长pH为8。鳗弧菌为条件致病菌之一，平时在海水和底泥中都可发现，在健康鱼类的消化道中也是微生物区系的重要组成部分，但是一旦条件适宜时就成为致病菌。

流行病学　虹鳟、鳗鲡、香鱼、大麻哈鱼、乌鳢、鲤、鲥、大菱鲆和黑鲷等鱼类都可感染发病。可通过受损的伤口及口腔感染。放养密度过大、水质不良、投喂氧化变质的饲料、捕捞、运输等操作不慎，使鱼体受伤是发病的诱因。该病在全世界广泛流行，死亡率高。

症状　病鳗体表点状出血，其中以腹部、下颌及鳍较为明显，肛门红肿；严重时，发病鳗鲡还出现眼睛充血、发红（图2-155），躯干部形成褪色斑或隆起，病灶逐渐形成出血性溃疡（图2-156至图2-160）。

病理变化　病鳗肝、肾肿大，肝呈土黄色，点状出血（图2-161、图2-162）；部分病鱼腹腔内有腹水；肠道充血、出血。

图2-155　患病鳗眼睛充血、发红

图2-156　患病鳗体表褪色斑

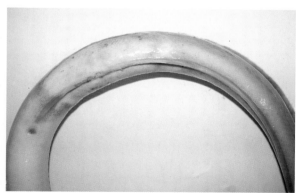

图2-157　患病鳗鳃腹部充血、出血，肛门发红

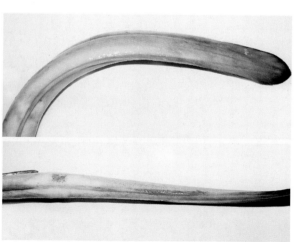

图2-158　患病鳗鳃腹部与腹鳍充血、出血

图2-159　患病鳗体表形成溃疡灶

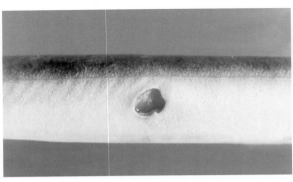

图2-160　患病鳗鲡体表出现深溃疡灶

图2-161　患病鳗鲡肝脏肿大，有出血斑

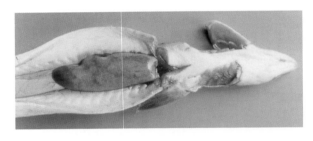

图2-162　患病鳗鲡肝脏肿大、充血、出血

诊断　根据症状、病变和流行情况可进行初步诊断，确诊需进行病原的分离、鉴定。采用间接荧光抗体技术和酶联免疫吸附试验检测，可进行早期快速诊断。

防治　预防：该病在鳗鲡集中养殖区域多发，应做好预防工作。在疾病流行季节全池泼洒8%二氧化氯，一次量为每立方米水体0.1～0.3g，每15天1次。同时内服土霉素和强力霉素，一次量为每千克鱼体重30～50mg，拌饲投喂，每天2～3次，连用10天。治疗：在疾病暴发以后，可内服氟苯尼考，一次量为每千克鱼体重10～25mg，拌料投喂，每天2～3次，连用5天。或强力霉素，一次量为每千克鱼体重30～50mg，拌饲投喂，每天2～3次，连用5～7天。

二十二、罗非鱼链球菌病（Streptococcosis of tilapia）

病原　该病是由海豚链球菌或无乳链球菌感染引起一种对罗非鱼危害极大的细菌性传染病，发病率和死亡率可达80%以上，甚至100%。无乳链球菌菌体为圆形或卵圆形，直径为0.6～1.2μm，革兰氏阳性，链状或成对排列，无鞭毛，无芽孢（图2-163），能发酵葡萄糖、蔗糖，对乳糖、甘露醇、山梨醇的分解能力因菌株而不同，对热、干燥及消毒药的抵抗力不强。该菌在脑心浸液培养基或血平板培养基上生长良好，形成淡灰白色、隆起、闪光的小菌落（图2-164），在血平板培养基上呈γ溶血（图2-165）。

流行病学　罗非鱼链球菌病可危害包括罗非鱼、鲻、鲷、鲈等几十个种的淡海水鱼类，多流行于5～9月份。最适生长温度为37℃，最适pH为7.4。由于链球菌病是严重危害罗非鱼健康养殖的烈性传染病，该病虽年年发生，但从近几年的流行情况来看有越来越严重的趋势。2009年，由无乳链球菌引起的罗非鱼严重死亡，给罗非鱼养殖业带来沉重打击。

症状　患病罗非鱼一般表现为精神沉郁，反应迟钝，濒死鱼多见于在水面打转或间隙性窜游，鳃盖内侧出血，体表或鳍条基部充血、出血（图2-166至图2-170），部分患病鱼还表现为眼球肿大和不同程度的外突（图2-171），眼眶充血、出血，有时甚至晶状体浑浊（图2-172），解剖可见患病鱼肝脏肿大、淤血，胆囊肿大，胆汁充盈，胆囊壁变薄（图2-173至图2-175），肠腔内充满清亮的黄色黏液（图2-176、图2-177）。病情严重的，患病鱼的脑、肠道、肝脏、脾脏、肾脏等器官可见出血现象（图2-178）。

　　病理变化　镜下可见肝细胞严重空泡变性（图2-179），大量肝细胞核浓缩、碎裂，出现凝固性坏死；心肌出血（图2-180）；大量肾小管上皮细胞细胞核凝固性坏死（图2-181）。

　　诊断　根据流行病学和典型症状，结合组织器官触片观察，若发现有链状细菌，则可作出初诊（图2-182）。对分离到的病原菌进行生理、生化和分子生物学鉴定可确诊。

　　防治　预防：免疫预防是该病最有效最关键的预防措施，在疾病暴发前或暴发后均可接种海豚链球菌或无乳链球菌疫苗以预防或控制疫情。治疗：在疾病暴发季节用聚维酮碘溶液（含有效碘1%），一次量为每立方米水体1～2g，全池泼洒，在疾病流行季节每15天1次；或漂白粉或漂白粉精（有效氯为60%～65%），一次量分别为每立方米水体1g或0.3～0.5g，全池泼洒，每15天1次。治疗：氟苯尼考，一次量为每千克鱼体重10～25mg，拌饲投喂，每天2～3次，连用5天；或强力霉素，一次量为每千克鱼体重30～50mg，拌饲投喂，每天2～3次，连用10天；或氟哌酸，一次量为每千克鱼体重10～30mg，拌饲投喂，每天2～3次，连用3～5天。

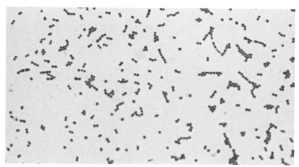

图2-163　无乳链球菌呈革兰氏染色阳性，短链状

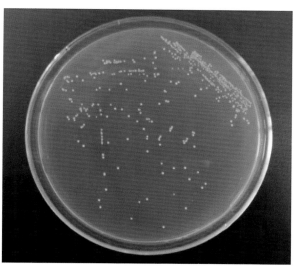

图2-164　无乳链球菌在脑心浸液琼脂平板上形成
　　　　　灰白色菌落

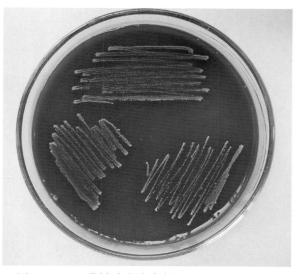

图2-165　无乳链球菌在兔鲜血平板培养基上呈
　　　　　γ溶血

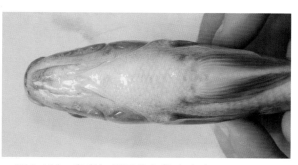

图2-166　患病初期罗非鱼体表充血

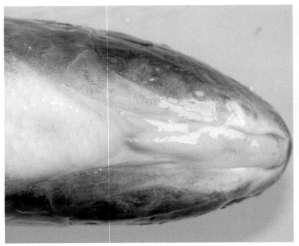

图2-168　患病罗非鱼腹部肿大、充血、出血

图2-167　患病罗非鱼体表充血和点状出血

图2-169　患病罗非鱼体表点状出血，眼睛充血

图2-170　患病罗非鱼眼球、鳍条及鳃盖充血

图2-171　患病罗非鱼眼球充血、外突

图2-172　患病罗非鱼眼球浑浊

图2-173 患病罗非鱼胆囊肿大，肝淤血、出血、
质脆

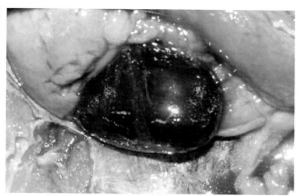

图2-174 患病罗非鱼胆囊肿大

图2-175 患病罗非鱼肝脏肿大，腹腔有清亮腹水

图2-176 患病罗非鱼肠壁变薄，肠腔内有淡黄色
的黏液

图2-177 患病罗非鱼肠道充血、出血，肠腔内有
淡黄色炎性黏液

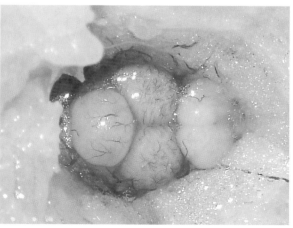

图2-178 患病罗非鱼脑膜充血、出血

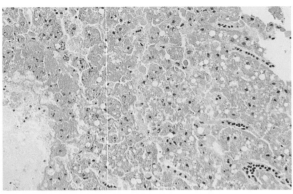

图2-179　患病罗非鱼肝细胞变性、坏死
（H.E×400）

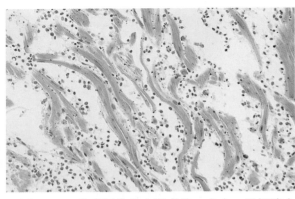

图2-180　患病罗非鱼心肌变性、出血，肌间隙内
大量炎症细胞浸润（H.E×400）

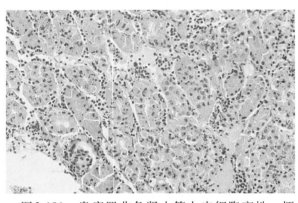

图2-181　患病罗非鱼肾小管上皮细胞变性、坏
死，间质炎症细胞浸润（H.E×400）

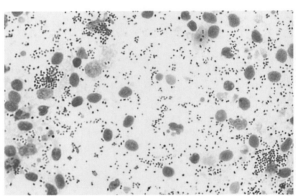

图2-182　患病罗非鱼肝脏触片观察到大量链球菌

二十三、腹水症（Abdominal dropsy）

病因　腹水症是水生动物常见的一种疾病症状。很多原因均可导致腹水症的发生，主要包括生物性因素，如细菌、病毒、寄生虫；营养性因素，如维生素E缺乏；中毒性因素，如饲料中长期添加氧化鱼油；其他因素引起机体肝、肾损伤。

症状　尽管引起腹水症的原因不同，但发病鱼有一个共同的特征，即病鱼腹部严重膨大（图2-183），剖开后可流出大量淡黄色或带血腹水（图2-184），肝肾肿大，有的颜色苍白。且多伴有眼球突出和竖鳞。若是生物因素引起的，多伴有体表和内脏器官的广泛充血、出血。

诊断　该病病因复杂，结合患病鱼的症状或饲养管理情况只能做出初诊，只有对病原进行分离鉴定或是对病因进行确认后才能做出确诊。

防治　根据发病原因不同，应制定不同的防治措施。预防：由生物性因素引起的腹水症，应采用传染性疾病的防控策略，管理中应做到彻底清塘，鱼种下塘前用漂白粉或高锰酸钾，一次量分别为每立方米水体10g、15～20g，药浴10～20分钟；或用2%～4%食盐水溶液药浴5～10分钟。在疾病流行季节在饲料中添加维生素C、黄芪多糖和大蒜素等，且每15天全池泼洒三氯异氰脲酸粉，一次量为每立方米水体0.3～0.5g。治疗：疾病发生后可用8%二氧化氯外用消毒，同时用氟哌酸，一次量为每千克鱼体重10～30mg，拌饲投喂，连喂3～5天。营养性因素引起的腹水症，应找出具体缺乏的营养因素，饲喂营养均衡的水产专用全价饲料，病情即可得到缓解和控制。由中毒因素引起的腹水症应及时排除中毒因素，若是水体某种物质过高应及时换水，如是饲料中添加物中毒应立即停喂原饲料。

图2-183　患病斑点叉尾鮰腹部膨大

图2-184　患病鲤腹腔内大量含血的腹水

二十四、分支杆菌病（Mycobacteriosis）

　　病原　鱼类分支杆菌病又称为鱼类结核病，是一种慢性渐进性疾病。海分支杆菌被认为是鱼类分支杆菌中最主要的致病菌，但在发病鱼体组织中也分离到其他分支杆菌，如偶然分支杆菌、龟分支杆菌、耻垢分支杆菌、脓肿分支杆菌、新金色分支杆菌、猿猴分支杆菌、副结核分支杆菌等。分支杆菌属的成员是一类细长或稍弯的杆菌，因有分支生长的趋势而得名。该菌也是一种抗酸杆菌，主要感染太平洋和大西洋的鲑、银汉鱼、乌鳢、比目鱼、罗非鱼、欧洲黑鲈和星鲈等多种咸淡水鱼类。

　　症状　该病为一种慢性渐进性的疾病，大部份感染初期外观无明显变化，但随病程的发展，后期可见体色改变、消瘦、凸眼、脊柱侧弯、鳞片脱落、表皮出血或溃疡之病灶。剖解后可发现内脏有多发性肉芽肿病变（图2-185），鳃丝坏死或出现肉芽肿性结节（图2-186）。

　　诊断　诊断该病的方法除了通过临床病变症状外，还可使用抗酸染色、病理组织检查、细菌分离及16S rDNA。

　　防治　对于该病的防治应坚持"预防为主，防重于治"的原则。预防：在平时的养殖管理中，应做到"四定、四消"，做好科学管理，增加鱼体免疫力，避免鱼体受伤等。管理中应做到彻底清塘，鱼种下塘前用漂白粉，一次量为每立方米水体10g，药浴15～30分钟；或用2%～

4%食盐水溶液药浴5 ~ 10分钟。治疗：在疾病暴发时应坚持内服加外用的用药原则，可用敏感药物内服，如利福平，一次量为每千克鱼体重10 ~ 30mg，拌饲投喂，连喂3 ~ 5天；同时外用消毒剂如8%二氧化氯，一次量为每立方米水体0.1 ~ 0.2g；或三氯异氰脲酸粉，一次量为每立方米水体0.3 ~ 0.5g。

图2-185　海分支杆菌病，示肝上的粟粒状结节（仿　George P）

图2-186　分支杆菌病，示鳃坏死（仿　George P）

二十五、鲟嗜水气单胞菌病（*Aeromonas hydrophila* disease of Sturgeon）

病原　该病是一种严重危害鲟养殖的细菌性传染病。嗜水气单胞菌广泛分布于自然界的各种水体，是多种水生动物的原发性致病菌。该菌为革兰氏阴性短杆菌，极端单鞭毛，没有芽孢和荚膜，在普通琼脂平板培养基上进行培养形成的菌落圆形、边缘光滑、中央凸起、肉色、灰白色或略带淡桃红色，有光泽，发育良好。

流行病学　该病主要在夏、秋两季流行，流行水温28 ~ 32℃。鲟发生急性感染时，其发病率和死亡率都在90%以上。该病的发生与感染菌的毒力、水体温度、pH、养殖密度和霉变的饲料等因素关系密切。

症状　急性感染时，患病鲟食欲废绝，无精打采，体表两侧出现多处溃疡灶（图2-187），腹部、眼睛、口腔及下额发生严重充血、出血，胸鳍、腹鳍及尾鳍基部也出现明显充血、出血（图2-188、图2-189）。剖解可见患病鲟腹腔内充满含血样浑浊腹水（图2-190）；肾脏肿大，颜色为暗红色（图2-191）；性腺充血、出血（图2-192）；肝肿大，严重充血和出血；脾脏肿大，呈暗红色（图2-193至图2-195）；胃黏膜、肠道和肠系膜都发生充血、出血。

病理变化　患病鲟全身多组织器官都发生明显的病变，主要表现为变性、坏死、水肿与炎症细胞浸润，特别是肝、脾、肾、肌肉与消化道的病变较为明显（图2-196至图2-198）。

诊断　根据症状、病变和流行病学很难达到初诊的目的。若要确诊，则需对患病鲟进行病原的分离纯化，然后采用细菌常规鉴定、血清凝集试验、R-S鉴别培养基和免疫组化（图2-199至图2-201）等方法进行诊断。

防治　加强管理、定期更换水质、保证投喂优质的饲料、合理的控制养殖密度以及定期的消毒等措施可有效预防该病的发生。消毒时，可用8%二氧化氯，一次量为每立方米水体0.1 ~ 0.3g，全池泼洒。若鲟发生该病时，则应该及早诊断和治疗，避免病情的扩大。坚持外用消毒和内服药物进行治疗。外用消毒可用复合碘溶液（1.8% ~ 2%有效碘），一次量为每立方米水体

0.1mL，全池泼洒。内服时可用沙拉沙星，一次量为每千克体重 15 ～ 20mg，拌饲投喂，每天2 ～ 3次，连用3 ～ 5天；或庆大霉素，一次量为每千克体重10 ～ 30mg，拌饲投喂，每天2 ～ 3次，连用3 ～ 5天为1个疗程。

图 2-187　患病鲟体表多处溃疡灶

图 2-188　患病鲟口周围充血、出血

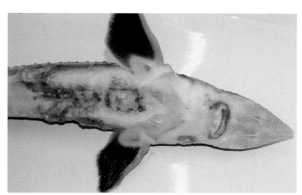

图 2-189　患病鲟腹部充血、出血

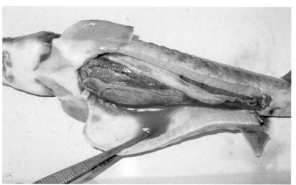

图 2-190　患病鲟腹腔内出现含血腹水

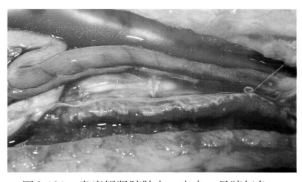

图 2-191　患病鲟肾脏肿大、出血，呈暗红色

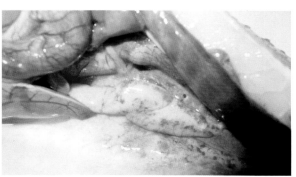

图 2-192　患病鲟性腺出血

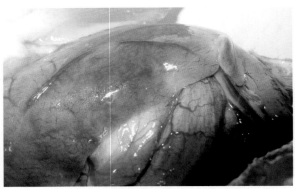

图2-193　患病鲟肝脏肿大、淤血、出血

图2-194　患病鲟肝、肠出血、坏死

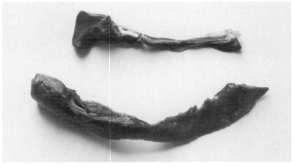

图2-195　患病鲟脾显著肿大（下），上为正常鱼脾

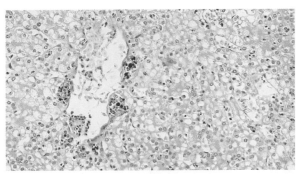

图2-196　患病鲟肝细胞出现广泛的空泡变性（H.E×100）

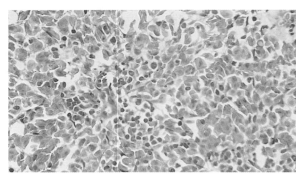

图2-197　患病鲟脾组织出血（H.E×400）

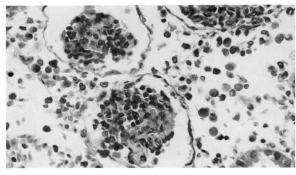

图2-198　患病鲟肾间质炎性水肿，间质细胞坏死、溶解（H.E×400）

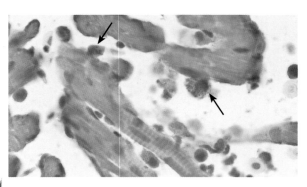

图2-199　患病鲟肌肉出现嗜水气单胞菌的阳性信号（免疫组化×1 000）

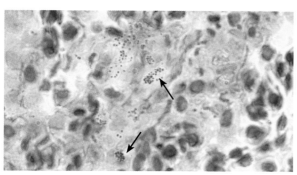

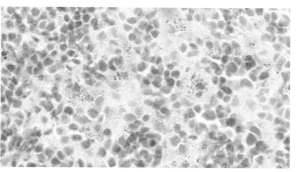

图2-200 患病鲟脾脏出现嗜水气单胞菌的阳性信号（免疫组化×1 000）

图2-201 患病鲟肾脏出现嗜水气单胞菌的阳性信号（免疫组化×1 000）

二十六、诺卡氏菌病 (Nocardiasis)

病原 该病是由卡姆帕奇诺卡氏菌引起的疾病。菌株呈分支丝状菌，培养时间长时菌体呈长杆状或球状，产生气生菌丝；革兰氏染色阳性，弱抗酸性，无动力。25℃培养4～5天出现小的菌落，两周后形成疣状、致密的硬菌落，颜色由淡黄色变成橙黄色。生长pH5.8～8.5，最适pH 6.5～7.0。

流行病学 该病是1967年以来日本养鰤业的主要疾病之一，危害一龄鱼及养成阶段的鰤，在我国也发现鲈感染该菌的病例。鳃结节型的发病期为水温开始上升的7月到第二年2月，流行期为9～10月。美国饲养的虹鳟也有患该病的报道，但发病率和死亡率均不高，病原菌为星状诺卡氏菌。

症状 疾病的类型有两种：一种是在鳃上形成很多的结节，称鳃结节型（图2-202），此外还有嘴部产生结节的病例；另一种是躯干部的皮下脂肪组织、肌肉产生脓肿结节，称躯干结节型。患病鱼的躯干部和尾部的表皮溃疡，皮下肿胀膨大，切开肿胀处流出白色液体。

病理变化 患病鱼的心、脾、肾、鳔、鳃上有结节，外包成纤维细胞，脾及肾上的包裹较薄（图2-203至图2-206）。一般肾脏、肝脏、脾脏结节较多，其他器官结节较少。轻微病例脏器内部的结节较少，直径较小，严重病例脏器内部的结节较多，甚至融合在一起，直径较大，细胞的病变也较严重。

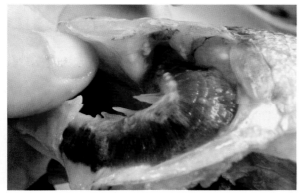

图2-202 患病鲈鳃丝坏死 （卞腾飞 赠）

图2-203 患病鲈肝脏出现白色坏死结节

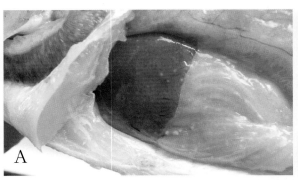
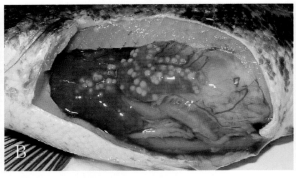

图 2-204   患病鲈肝脏出现大量白色坏死结节
A：发病较轻（卞腾飞   赠）B：发病较重（黄志斌   赠）

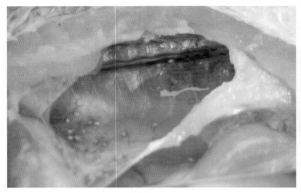

图 2-205   患病鲈腹膜出现白色坏死结节
（卞腾飞   赠）

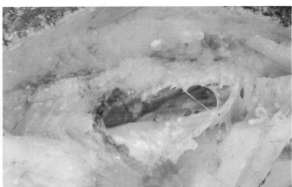

图 2-206   患病鲈肌肉和腹膜出现白色坏死结节
（卞腾飞   赠）

诊断   根据流行情况进行初步诊断。病灶处做切片标本，如有革兰氏阳性丝状菌，Ziehl-Neelsen氏抗酸性染色，有弱抗酸性分支丝状菌或丝状菌，可做进一步诊断。通过病原的分离鉴定即可确诊。

防治   该病的防治方法与分支杆菌病相同。

ⅅ 第三章

鱼类真菌性疾病

一、水霉病（Saprolegniasis）

该病是水霉寄生在鱼类的体表及卵上引起的一种鱼类疾病。受伤是该病发生的重要诱因。

病原 该病病原主要是水霉属和绵霉属的一些种类。一般由内外两种丝状的菌丝组成，菌丝为管状，为没有横隔的多核体（图3-1）。内菌丝像根样附着在水产动物的损伤处，分枝多而纤细，可深入至损伤、坏死的皮肤及肌肉，具有吸收营养的功能；外菌丝较粗壮，分枝较少，伸出于鱼体组织之外，可长达3cm，形成肉眼能见的灰白色棉絮状物。

流行病学 该病几乎所有水产动物都可感染发病，在国内外养殖地区都有流行，在密养的越冬池冬季和早春更易流行，常因受伤、水温剧烈变化引起抵抗力下降，鱼卵堆积造成局部缺氧，卵膜腐烂而感染该病。水霉对温度的适应范围很广，5～26℃均可生长繁殖，有的种类甚至在水温30℃时还可生长繁殖；水霉、绵霉属的繁殖适温为13～18℃。

症状 病鱼焦躁不安，与其他固体物发生摩擦，以后鱼体负担过重，游动迟缓，食欲减退，继而发生死亡。疾病早期，肉眼看不出有什么异状，当肉眼能看出时，菌丝不仅在伤口侵入，且已向外长出外菌丝，似灰白色棉絮状，故俗称生毛（图3-2至图3-6）。由于霉菌能分泌大量蛋白质分解酶，机体受刺激后分泌大量黏液，并引起寄生部位组织坏死（图3-7、图3-8）。在鱼卵孵化过程中，若内菌丝侵入卵膜内，卵膜外则丛生大量外菌丝，故叫"卵丝病"；被寄生的鱼卵，因外菌丝呈放射状，故又有"太阳籽"之称（图3-9）。

诊断 根据症状与临床病变即可做出初步诊断，必要时可用显微镜检查进行确诊。若要鉴定水霉的种类，则必须进行人工培养（图3-10），观察其藏卵器及雄器的形状、大小及着生部位等或进行分子生物学鉴定。

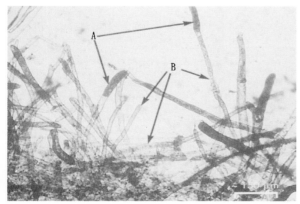

图3-1 镜下菌丝体形态 　　　　（仿 George P）　图3-2 网箱中大量的患病鱼
　　 A.水霉菌孢子；B.水霉菌丝

  防治 预防：对于水霉病的预防，加强饲养管理，提高鱼体抵抗力，尽量避免鱼体受伤是最为有效的措施。治疗：发病时使用亚甲基蓝，一次量为每立方米水体2～3g，全池泼洒，每隔2天1次，连用2次；1%食盐与0.04%苏打混合液，浸浴，20分钟，每天1次；同时内服抗菌药物，防止细菌感染，有一定效果。

图3-3 患病大口鲇身体上着生水霉菌丝

图3-4 患病大口鲇胸鳍、尾部着生水霉菌丝

图3-5 患病泥鳅尾部寄生的水霉

图3-6 患病丁鱥体表寄生的水霉

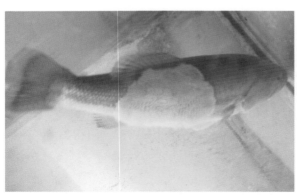

图3-7 体表一侧严重感染水霉的丁鱥

图3-8 褐鳟头部和背部水霉寄生，形成圆形斑块

           （仿 R Robert）

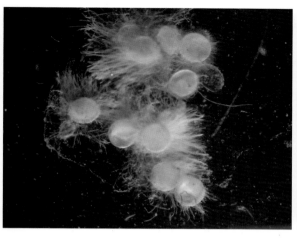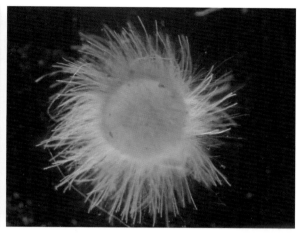

图3-9 泥鳅卵着生大量水霉，呈"太阳籽"状

图3-10 平板上生长的水霉

二、鳃霉病（Branchiomycosis）

病原 该病是鳃霉寄生于鱼类鳃而引起的一种真菌性疾病。我国鱼类寄生的鳃霉，从菌丝的形态和寄生情况来看，属于两种不同的类型。寄生在草鱼鳃上的鳃霉，菌丝粗直而少弯曲，通常是单枝延生生长，不进入血管和软骨，仅在鳃小片的组织生长；菌丝的直径为 20 ~ 25 μm，孢子较大，直径为 7.4 ~ 9.6 μm，平均 8 μm，类似于国外报道的血鳃霉；寄生在青鱼、鳙、鲮、黄颡鱼鳃上的鳃霉菌丝细长弯曲成网状，分枝沿鳃丝血管或穿入软骨生长，纵横交错，充满鳃丝和鳃小片；菌丝的直径为 6.6 ~ 21.6 μm，孢子的直径为 4.8 ~ 8.4 μm，类似于国外报道的穿移鳃霉。

流行病学 该病在我国广东、广西、湖北、浙江、江苏、辽宁等省区均有发生，流行于5 ~ 10月，以5 ~ 7月为甚。主要危害草鱼、青鱼、鳙、鲮、鲫和黄颡鱼鱼苗和成鱼，当水质恶化，特别是水中有机质含量高时，发病率可达 70% ~ 80%，死亡率高达 90% 以上。

症状 病鱼食欲丧失，呼吸困难，游动缓慢，鳃上黏液增多，有出血、淤血、缺血和坏死的斑点，呈现花斑鳃外观；病重时鱼高度贫血，整个鳃呈青灰色外观（图3-11、图3-12）。由于鳃的损伤，病鱼由于缺氧窒息而死亡。

　　诊断　根据临床症状与病变进行初步诊断，用显微镜检查鳃，当发现鳃上有大量鳃霉寄生时（图3-13），即可确诊。

　　防治　对于该病目前尚无有效治疗方法，主要是采取预防措施。清除池中过多淤泥，用浓度为450mg/L生石灰或40mg/L漂白粉消毒；加强饲养管理，注意水质，尤其是在疾病流行季节，定期灌注清水，每月全池遍洒1～2次生石灰（浓度为20mg/L左右）；掌握投饲量及施肥量，有机肥料必须经发酵后才能放入池中；发病时，采用40%甲醛溶液，一次量为每立方米水体25～30mL，全池泼洒，每天1次，连用3天有一定效果。

图3-11　患病鲤鳃呈花斑状　　　　（仿　Kinkelin P）

图3-12　患病鲫鳃呈花斑状　　　　　　（仿　杜军）

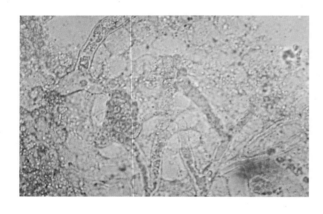

图3-13　患鳃霉病鱼鳃压片可见大量菌丝体

（仿　Herbert R）

三、鱼醉菌病（Ichthyophonosis）

　　病原　该病是霍氏鱼醉菌寄生于鱼类引起的一种传染性真菌病，在欧洲、美洲和日本等均有流行，可引起养殖鱼类大批死亡。霍氏鱼醉菌属藻菌纲，分类位置尚未明确，其在鱼组织内主要有两种形态：一种为球形合孢体（又叫多核球状体），直径从数微米至200μm，由无结构或层状的膜包围，内部有几十至几百个小的圆形核和含有PAS（高碘酸席夫氏）反应阳性的许多颗粒状的原生质，最外面有寄主形成的结缔组织膜包围，形成白色包囊；另一种是包囊破裂后，合孢体伸出粗而短、有时有分枝的菌丝状体，细胞质移至菌丝状体的前端，形成许多球状的内生孢子。该病对多种海水、淡水鱼类的稚鱼及成鱼均可感染，其感染方式有两种，一种是通过摄食病鱼或病鱼的内脏而引起；另一种为由鱼直接摄取球形合孢体或通过某种媒介（如哲水蚤等）被鱼摄入而引起。

　　流行病学　流行于春季，水温为10～15℃。

症状 患病稚鱼除体色发黑外,轻者看不出外部症状,严重时肝脏、脾脏表面有小白点。成鱼一般表现为体色发黑,腹部膨大,眼球突出,脊椎弯曲(图3-14、图3-15)。病原可在肝、肾、脾、心脏、胃、肠、幽门垂、生殖腺、神经系统、鳃、骨骼肌等处寄生形成大小不等的灰白色结节(图3-16),严重时组织被病原体及增生的结缔组织所取代,甚至病灶中心发生坏死。寄生于卵巢时,丧失繁殖能力;侵袭肝脏,可引起肝肿大,比正常鱼的大1.5～2.5倍,肝脏颜色变淡;侵袭肾脏,则肾脏肿大,腹腔内积有腹水,腹部膨大;寄生于神经系统时,失去平衡,在水中做翻滚运动。

病理变化 病原体入侵的器官发生变性、坏死,组织被病原体及增生的结缔组织所取代,入侵病原体形成多核囊状或球形合孢体(图3-17至图3-19),多核球形合孢体发芽,形成丝状体,并将其内部形成的大量丝状体孢子释放到组织内。

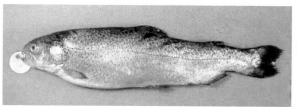

图3-14 患病虹鳟脊柱弯曲,皮肤出现肉芽肿性
病灶 (仿 Erichson D)

图3-15 患病鱼体色发黑,腹部膨大
(仿 畑井喜司雄)

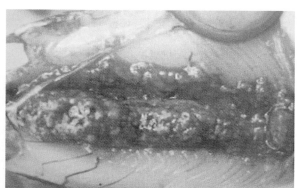

图3-16 患病鱼肾上出现大量灰白色结节
(仿 畑井喜司雄)

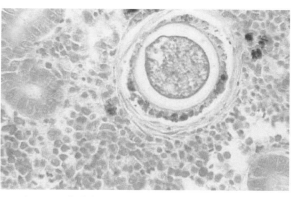

图3-17 患病虹鳟肾内形成的囊状合孢体(H.E×
400) (仿 George P)

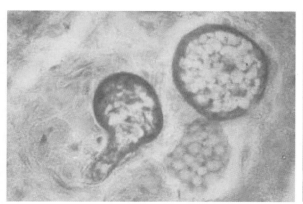

图3-18 患病虹鳟肝内形成的球形合孢体(H.E×
400) (仿 Reichenbach H H)

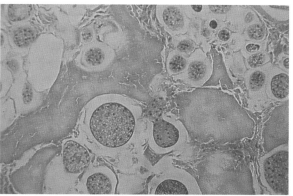

图3-19 患病鲱组织内的真菌孢子(H.E×200)
(仿 Roberts R)

诊断　根据症状与病变可初步诊断，再用显微镜检查，发现有大量霍氏鱼醉菌寄生时，即可确诊。

防治　对于该病目前尚无有效治疗方法，主要以预防为主。加强检疫制度，尽量不要引入带病鱼；不要用有可能寄生鱼醉菌的饵料鱼作饲料，必须煮熟后再投喂；鱼池要清除过多淤泥，并用生石灰彻底清塘；病鱼必须全部捕起，煮熟后作饲料处理。发病时采用1%的苯氧基乙醇药液，一次量为每立方米水体10～20L，浸泡；同时投喂用1%的苯氧基乙醇药液浸泡的饵料有一定效果。

四、流行性溃疡综合征（Epizootic ulcerative syndrome）

病原　流行性溃疡综合征，又称红点病和霉菌性肉芽肿，是由各种丝囊霉菌引起的一种以体表溃疡为特征的流行性真菌性疾病（图3-20）。有报道称，弹状病毒也和该疾病流行有关，并且该病毒病发生时也常伴发革兰氏阴性菌的继发性感染，造成了感染鱼体的进一步损伤。

流行病学　该病于1971年首次在日本养殖的香鱼中流行，目前已在日本、澳大利亚、南亚、西亚和东南亚等地流行。该病是野生及养殖的淡水与半咸水鱼类季节性流行病，往往在低水温和大降雨之后易发生。

症状　患病鱼早期不吃食，鱼体发黑，漂浮在水面上，在体表、头、鳃盖和尾部可见红斑；在后期会出现较大的红色或灰色的浅部溃疡，在体表往往出现一些区域较大的溃疡灶（图3-21至图3-26），继而导致大量死亡。对于特别敏感的鱼如乌鳢，损伤会逐渐扩展加深，以至达到身体较深的部位，或者造成头盖骨的坏死，使脑暴露。

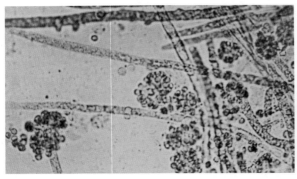

图3-20　丝囊霉菌压片形态特征　（仿　Lilley J H）

图3-21　患病乌鳢体表出现溃疡灶

（仿　Subasinghe R P）

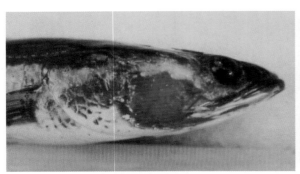

图3-22　患病乌鳢鳃盖溃烂　（仿　Roberts R）

图3-23　患病鲻体表出现溃疡灶　（仿　Lilley J H）

图 3-24 患病石首鱼体表出现的溃疡灶

（仿 Lilley J H）

图 3-25 患病鳕体表出现的溃疡灶

（仿 Lilley J H）

图 3-26 患病鱼体表出现溃疡灶

（仿 Edward J）

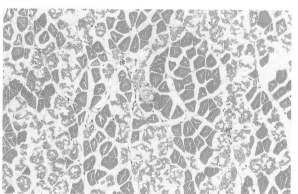

图 3-27 早期感染，肌纤维变性与坏死

（仿 Chiinabut S）

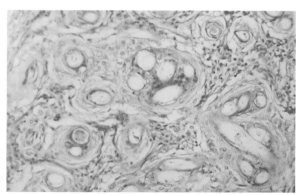

图 3-28 后期明显的慢性炎症，并见菌丝体（H.E×
400） （仿 Edward J）

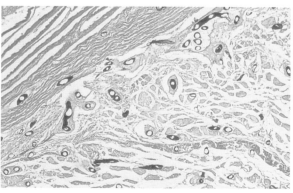

图 3-29 皮肤与肌肉组织银染见大量侵入的菌丝体

（仿 Robet R）

病理变化 有典型的肉芽肿和入侵的菌丝。早期的损伤是红斑性皮炎并且看不到明显的霉菌入侵，当损伤由慢性皮炎发展到局部区域严重的坏死性肉芽肿皮炎并使肌肉变成絮状时，可以在骨酪肌中看到菌丝生长，霉菌引起强烈的炎症反应，并在长入肌肉的菌丝周围形成肉芽肿（图3-27至图3-29）。

诊断 将病灶四周感染部位的肌肉压片，看到无孢子囊的丝囊霉菌的菌丝结合流行病学与症状可进行初步诊断，确诊需病原的分离与鉴定。

防治 对于该病目前没有特别有效的治疗方法，主要是进行预防，加强检疫制度，不引入带病鱼是防止该病的重要措施。若在小水体和封闭水体里暴发，通过消除病鱼、用生石灰消毒池水、改善水质等方法，可以有效降低死亡率。

第四章

鱼类寄生虫性疾病

一、锥体虫病（Trypanosomiasis）

病原　该病是鞭毛虫纲锥体虫属的一些种类寄生于鱼类血液中引起的一种寄生虫病。锥体虫（图4-1、图4-2）是锥体虫属的通称，虫体狭长，体长 10 ～ 100 μm，两端尖细，胞核呈椭圆形，内有 1 个明显的核内体；动核位于近后端处；紧靠动核的前面有一生子核毛体，由此向前长出一根鞭毛，沿虫体边缘形成一波动膜，游离于体前。生活史包括 2 个宿主，脊椎动物如鱼类等为终末宿主，节肢动物或水蛭类等无脊椎动物为中间宿主。

流行病学　锥体虫在我国的分布较广，一年四季均可发现病原体，尤以夏、秋两季较普遍。目前，在我国淡水鱼中发现的锥体虫已有 30 多种。锥体虫病主要流行于 6 ～ 8 月，一般淡水鱼都可感染，多种海水鱼类，如鲆鲽类、鳗、鲴、鲥、鳐、鳕、鲈、鲷以及鳗形目等亦可感染。

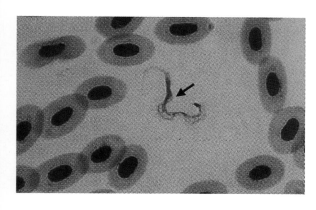

图4-1　血液中的锥体虫　　　　　　　　（仿　Hoole D）

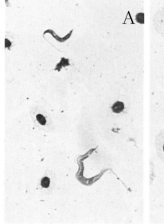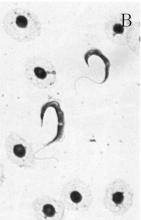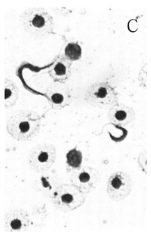

图4-2　患锥体虫病大口
　　　　鲇血液中的锥体
　　　　虫（A、B、C）

症状 锥体虫寄生在鱼类的血液中，以渗透方式获取营养。通常症状不明显。严重感染时，可使鱼体虚弱、消瘦，出现贫血，而引起死亡。

诊断 从鱼的入鳃动脉或心脏吸取一滴血液，置于载片上，在显微镜下观察，看到在血细胞之间有扭曲运动的虫体时，基本可以确诊。

防治 目前，对该病的控制主要是通过杀灭鱼蛭等中间宿主，以阻断感染途径。该病的防治方法主要有：

① 生石灰或90%晶体敌百虫，一次量分别为每立方米水体15g和1g，带水清塘。

② 含氯石灰（漂白粉），一次量为每立方米水体20g，带水清塘。

③ 吡喹酮，一次量为每千克鱼体重30～40mg，拌饲投喂，每2天1次。

二、鲢碘泡虫病（疯狂病）（Myxobolus driagini disease）

病原 该病也称疯狂病，是由鲢碘泡虫寄生在白鲢各器官组织，以神经系统和感觉器官为主的一种寄生虫病。鲢碘泡虫的孢子壳面观呈椭圆形或倒卵形，有2块壳片，壳面光滑或有4～5个V形的褶皱；囊间小块V形明显；孢子的大小为（10.8～13.2）μm×（7.5～9.6）μm；前端有2个大小不等的梨形极囊，极丝6～7圈，极囊核明显；有嗜碘泡。

流行病学 鲢碘泡虫主要危害1龄以上白鲢，可引起大批死亡，未死亡鱼也因肉质变味而失去商品价值。全国各地的江河、湖泊、水库和池塘均有发生，尤以浙江杭州地区最为严重。

症状 患病鱼极度瘦弱，头大尾小，尾部上翘，体重仅为健康鱼的1/2左右（图4-3）；常在水中离群独自急游打转，常跳出水面，复又钻入水中，如此反复多次后死亡，死亡时头常钻入泥中；有的侧向一边游泳打转，失去平衡和摄食能力而死，故叫疯狂病。病鱼的肝脏、脾脏萎缩，腹腔积水，剖开颅腔可见白色包囊（图4-4）。

诊断 根据流行病学、症状和病变可对该病作出初步诊断，取下病鱼的嗅球或脑颅腔的拟淋巴液，在显微镜下压片观察，若见大量成熟孢子或带单核的营养体，即可确诊。

防治 目前，该病的预防方法主要是通过彻底清塘，杀灭池中的孢子以降低孢子感染几率，对于该病的治疗，目前还比较困难，但也可采用以下方法进行治疗，有一定效果。

① 90%晶体敌百虫，一次量为每立方米水体0.2～0.3g，全池泼洒，每2天1次，连用3天。

② 槟榔，一次量为每千克体重100～200g，5倍水煎开后取汁，拌饲投喂，每天1～2次，连用3～5天。

③ 盐酸左旋咪唑，一次量为每千克鱼体重10～25mg，拌饲投喂，每天1次，连用7天。

图4-3　患病白鲢消瘦，尾上翘　（仿　王伟俊）　　图4-4　患病鲢颅腔内的白色包囊　（仿　王伟俊）

三、异形碘泡虫病（Myxobolus dispar disease）

病原 该病是由异形碘泡虫寄生于鱼体和鳃而引起的一种黏孢子虫病。异形碘泡虫的孢子壳面观为卵圆形、卵形、倒卵形或椭圆形（图4-5），表面光滑或有 2 ～ 11 个 V 形的褶皱；囊间小块较明显；孢子的大小为 $(9.6 \sim 12.0)$ μm × $(7.2 \sim 9.6)$ μm；前端有 2 个大小不等的梨形极囊，极丝 4 ～ 5 圈，嗜碘泡明显。

流行病学 异形碘泡虫主要危害鲢、鳙的鱼苗与鱼种，近年来鲤也有不断发病的报道，5 ～ 8 月为其流行季节，6 ～ 7 月为高峰季节。

症状 患病鱼离群独游，游动无力，鱼体消瘦，头大尾小，体表失去光泽，鳃盖侧缘常充血，鳃丝暗红或苍白色，其上有大量针尖大小的白色包囊（图4-6），胞囊内含有大量虫体（图4-7）。病鱼往往因水质变差，溶氧低而发生大量死亡。

诊断 根据流行病学、症状与病变可进行初步诊断；取下部分带有白色包囊的鳃丝压片显微镜检查，发现异形碘泡虫即可确诊。

防治 该病的防治方法与鲢碘泡虫病的相同。

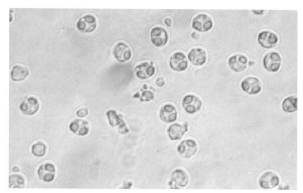

图4-5 异形碘泡虫形态

图4-6 患病鲤鳃丝上出现大量针尖大小白色包囊

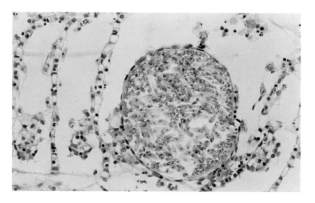

图4-7 鳃丝包囊内含有大量异形碘泡虫

四、圆形碘泡虫病（Myxobolus rotundus disease）

病原 该病是由圆形碘泡虫寄生于鱼体上而引起的一种黏孢子虫病。圆形碘泡虫的孢子呈圆形，大小为 $(9.4 \sim 10.8)$ μm × $(8.4 \sim 9.4)$ μm，前部有 2 个椭圆形的极囊，占虫体一半以上，嗜碘泡明显。

流行病学　圆形碘泡虫主要危害鲤、鲫，1龄以上鲫尤为常见，虫体在鱼体内一年四季都可见，但发病高峰期为成鱼上市季节，即每年的冬季与春季。

症状　患病鱼的口腔、头部、鳃弓、鳍条和周围等形成肉眼可见的大小不等的白色包囊（图4-8至图4-10），形似豆状或米粒状，堆聚在一起，包囊着生部位充血、出血，一般不会引起严重死亡，但使鱼失去商品价值。

诊断　根据流行病学、症状与病变可初步诊断，取下包囊压片显微镜检查，发现包囊内大量圆形碘泡虫，即可确诊。

防治　该病的防治方法与鲢碘泡虫病的相同。

图4-9　患病鱼头部大量白色包囊

（仿　王伟俊）

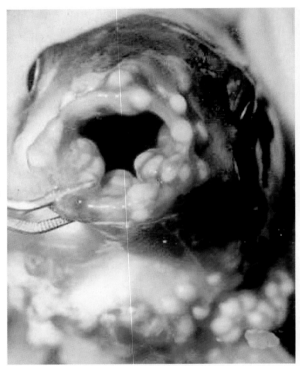

图4-8　患病鱼口腔周围大量白色包囊

（仿　王伟俊）

图4-10　患病鱼鳃弓上大量白色包囊

（仿　王伟俊）

五、野鲤碘泡虫病 （Myxobolus koi disease）

病原　该病是由野鲤碘泡虫寄生于鲮和鲤体表和鳃上而引起的一种黏孢子虫病。野鲤碘泡虫的孢子壳面观呈长卵形，前尖后钝圆，壳面光滑或有V形的褶皱，缝面观为茄子形；孢子的大小为（12.6～14.4）μm×（6.0～7.8）μm；前端有2个大小约相等的瓶形极囊，占孢子的2/3；嗜碘泡显著。

流行病学　野鲤碘泡虫主要危害鲤与鲮，广东、广西以鲮容易感染发病，流行季节为3～5月；湖北、湖南与河南以1龄以上鲤易感染发病，流行季节为春、秋两季。

症状　不同鱼感染野鲤碘泡虫表现的症状具有一定的差异。鲮感染该虫后主要是在体表形成大量由小包囊融合而成的大包囊（图4-11、图4-12）；鲤感染则主要是在鳃弓上形成多量由小包囊融合而成的大小不等、形状各异的外裹鱼体结缔组织的包囊（图4-13）。该虫可导致感染鱼死亡或丧失商品价值。

诊断　根据流行病学、症状与病变可初步诊断，取包囊压片显微镜检查发现包囊内大量野鲤碘泡虫而确诊。

防治　该病的防治方法与鲢碘泡虫病的相同。

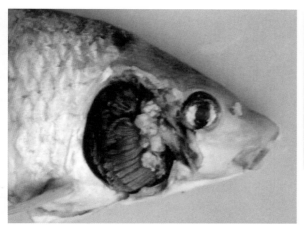

图4-12　患病鲫体表的碘泡虫包囊　（陈辉　赠）

图4-11　患病鲮体表大量白色野鲤碘泡虫包囊
（仿　黄琪琰）

图4-13　患病鲤鳃弓大量白色野鲤碘泡虫包囊

六、鲮单极虫病（Thelohanellus rohitae disease）

病原　该病是鲮单极虫通过血液循环寄生于尾鳍或鳞片下的一种黏孢子虫病。鲮单极虫（图4-14）的孢子壳面观和缝面观都呈狭长瓜子形，后端钝圆，前端较尖细；有两个壳片，壳面光滑无褶皱，大小为（26.4～30）μm×（7.2～9.6）μm；1个棍状极囊，约占孢子的2/3～3/4；有嗜碘泡；孢子外面常有一个无色透明的鞘状胞膜，胞膜大小为（39.6～42）μm×（9.6～14.4）μm。

流行病学　鲮单极虫主要危害鲤、鲫和鲮，流行于长江流域一带，无明显的发病季节，一般不引起大量死亡，但肉质变味，病鱼失去商品价值。

症状　鲤和鲫感染虫体后，游动缓慢，生长发育不良，在体表鳞片下形成乳白色或淡黄色大小不等的包囊（图4-15）；寄生在鲮和鲤时，往往在尾鳍或鼻腔内形成大小不等的黄色包囊（图4-16至图4-18）。

　　诊断　根据流行病学、症状与病变可初步诊断，取包囊压片显微镜检查，发现包囊内大量鲮单极虫可确诊。

　　防治　该病的防治方法与鲢碘泡虫病的相同。

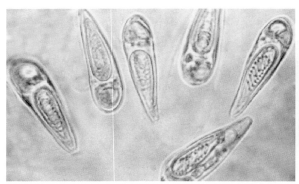

图4-14　鲮单极虫孢子形态　　　　（仿　王伟俊）

图4-15　患病鲤体表形成淡黄色鲮单极虫包囊

（仿　王伟俊）

图4-16　患病鲫体表大量鲮单极虫

图4-17　患病鲤体表和鳍条寄生的鲮单极虫

图4-18　患病鲤尾鳍上寄生的鲮单极虫

七、肤孢虫病 （Dermocystidium disease）

病原　该病是由肤孢虫属一些种类的寄生引起的疾病。其病原主要包括鲈肤孢虫、广东肤孢虫和野鲤肤孢虫三种。它们的孢子一般呈圆形或近圆形，结构比较简单，外包一层透明膜，细胞质中有一大而发亮的圆形折光体，胞核圆形，有颗粒状的胞质结构。包囊有的呈香肠形，有的呈带形或盘曲成一团的线形。

流行病学　鲈肤孢子虫主要寄生于鲈、青鱼、鲢、鳙等鳃上，广东肤孢虫寄生于斑鳢鳃上，野鲤肤孢虫寄生于鲤、锦鲤、青鱼的眼眶、鳍和体表（图4-19）。鱼种、成鱼都有发生。全国各地均出现。

症状　患病鱼体表或鳃上出现灰白色香肠形、带形和线形的包囊，包囊一般绕于鱼体表或鳃上，数量可达百余个，寄生部位出现充血、发炎、腐烂（图4-20、图4-21），严重者可致病鱼发生死亡，包囊内可见大量孢子（图4-22）。

诊断　取包囊内含物少许，在载玻片上加水压成薄片，在显微镜下观察，若发现孢子即可确诊。

防治　该病发生时，必须隔离病鱼，对发生鱼病的池塘进行消毒和杀灭孢子等，同时提高水温可使包囊从鳃中崩解、消失。该病的防治方法主要有：

① 90%晶体敌百虫，一次量为每立方米水体0.2～0.3g，每3天1次；

② 磺胺噻唑，一次量为每千克饲料0.5g，拌饲投喂，每天2～3次，连用10天，以防止疾病的蔓延，并适当注入新水改良水质。

图4-19　患病鲤背鳍基部、鳃盖和眼眶上寄生的
　　　　肤孢虫　　　　　　　　　（仿　杜军）

图4-20　患病鲤鳍条寄生的孢子虫
　　　　　　　　　　　（仿　畑井喜司雄）

图4-21　患病鲤体侧形成溃烂灶

（仿　畑井喜司雄）

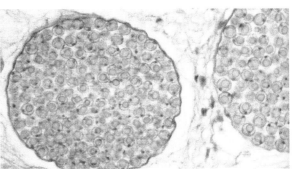

图4-22　肤孢虫包囊内含有大量孢子

（仿　畑井喜司雄）

八、尾孢虫病 (Henneguya disease)

病原 该病是由尾孢虫属的一些种类寄生在鱼类鳃上而引起的疾病。尾孢子虫的孢子呈纺锤形，前端狭小而突出，有两个壳片，缝脊细而直（图4-23）；孢子的大小为（11.2 ～ 15.0）μm×（6.25 ～ 6.87）μm；壳片向后延伸成细长的尾部，长约50 ～ 70μm；孢子前端有2个大小相同的梨形极囊，嗜碘泡明显。

流行病学 尾孢虫主要危害鳜、斑点叉尾鮰和乌鳢等鱼类的鱼苗、鱼种，严重时可引起大批死亡。长江流域和广东、广西一年四季都有该病的发生，但以4 ～ 7月最为严重。

症状 患病鱼生长发育缓慢，鳃丝和鳃弓上出现多少不等的白色包囊（图4-24），在水质不良、溶氧低下等情况下很易死亡。

诊断 根据流行病学、症状与病变可初步诊断；取包囊压片显微镜检查，发现包囊内大量尾孢虫可确诊。

防治 该病的防治方法与鲢碘泡虫病的相同。

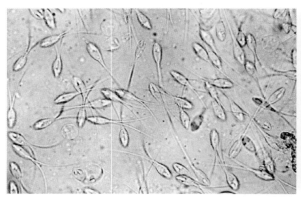

图4-23 尾孢虫的形态

图4-24 患病鱼鳃上形成的大量尾孢虫包囊

(仿 Dekinkelin P)

九、斜管虫病 (Chilodonelliasis)

病原 该病是由鲤斜管虫引起的一种鱼病。鲤斜管虫虫体腹面观卵呈圆形，后端稍凹入（图4-25、图4-26）。侧面观背面隆起，腹面平坦，前端较薄，后端较厚。活体大小为（40 ～ 60）μm×（25 ～ 47）μm。背面前端左侧有1行刚毛，其余部分裸露；腹面左侧有9条纤毛线，右侧有7条纤毛线，余者裸露。

流行病学 鲤斜管虫主要危害鱼苗、鱼种，流行于春、秋季节。繁殖温度为12 ～ 18℃，最适温度为15℃左右。当水质恶劣、鱼体衰弱时，在夏季及冬季冰下也会发生斜管虫病，引起鱼大量死亡。

症状 鲤斜管虫寄生在淡水鱼体表及鳃上，少量寄生时对鱼危害不大，大量寄生时可引起皮肤及鳃产生大量黏液，体表形成苍白色或淡蓝色的一层黏液层，组织损伤，导致病鱼呼吸困难。

诊断 根据流行病学与症状，结合显微镜检查可确诊。

防治 采用生石灰彻底清塘，杀灭底泥中的虫体，是该病有效的控制方法。该病的防治方法主要有：

① 硫酸铜，一次量为每立方米水体8g，鱼种下塘前浸泡10～20分钟。

② 硫酸铜及硫酸亚铁合剂（5:2），一次量为每立方米水体0.7g，发病时全池泼洒。

③ 苦楝树枝叶，一次量为每立方米水体40～50g，水煎取汁，全池泼洒，在发病季节，每15天1次。

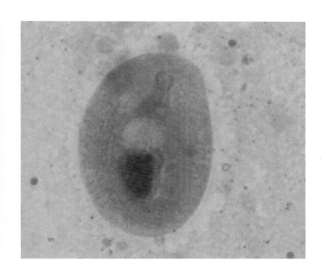

图4-25　鲤斜管虫形态

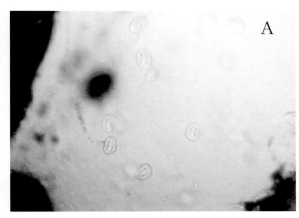

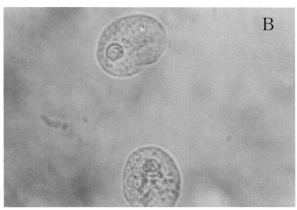

图4-26　鲤斜管虫形态　　　　（黄志斌　赠）

A.为低倍视野下虫体；B.为高倍视野下虫体

十、车轮虫病（Trichodiniasis）

病原　该病是由车轮虫引起的一种鱼病。其病原分为车轮虫和小车轮虫两类，虫体侧面观如毡帽状（图4-27），反面观圆碟形，运动时如车轮转动样（图4-28）。隆起的一面为口面，相对而凹入的一面为反口面，反口面最显著的构造是齿轮状的齿环，反口面的边缘有一圈较长的纤毛（图4-29）。

　　流行病学　车轮虫主要危害鱼苗和鱼种，流行于4～7月，但以夏、秋为流行盛季。适宜水温20～28℃。水质不良，有机质含量高，放养密度过大是该病发生的重要诱因。

　　症状　患病鱼体车轮虫少量寄生时，没有明显的症状；大量寄生时（图4-30），由于虫体的附着和来回滑行，刺激鳃丝和皮肤分泌大量黏液，在体表形成一层白色黏液层，在水中观察尤为明显。10天左右的鱼苗发病时，病鱼成群结队绕池边狂游，不食，呈"跑马"症状。

　　诊断　取鳃丝或从鳃上、体表刮取少许黏液，制成水封片，在显微镜下观察到虫体数量较多时，可诊断为车轮虫病。

　　防治　鱼种放养前的消毒可有效预防车轮虫病的发生，预防方法如下：

　　① 硫酸铜，一次量为每立方米水体8g，浸浴10～20分钟。

　　② 高锰酸钾，一次量为每立方米水体10～20g，鱼种放养前，浸浴，10～20分钟。

　　该病发生时，可按以下方法进行治疗：

　　① 苦楝树枝叶，一次量为每立方米水体40～50g，水煎取汁，全池泼洒，在发病季节，每15天1次。

　　② 40%甲醛溶液，一次量为每立方米水体25～30mL，全池泼洒，每天1次，连用3天。

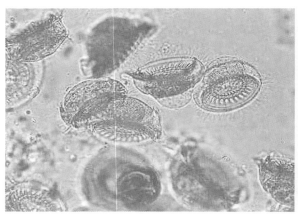

图4-27　车轮虫侧面观形态　　　　（仿　Hoole D）

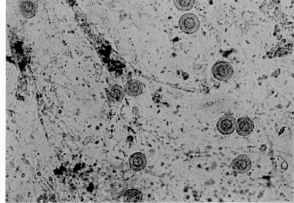

图4-28　车轮虫反面观形态

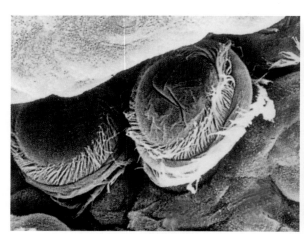

图4-29　吸附于鳃的车轮虫形态

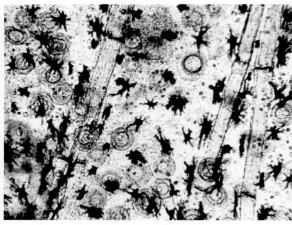

图4-30　寄生在鳍条上的大量车轮虫

（仿　今井壮一）

十一、小瓜虫病（Ichthyophthiriasis）

病原　该病主要是由多子小瓜虫寄生于鱼的皮肤或鳃引起的一种纤毛虫病。多子小瓜虫的成虫卵呈圆形或球形，全身密布短而均匀的纤毛，体内有一马蹄形或香肠形大核（图4-31）。幼虫呈卵形或椭圆形，全身有等长的纤毛，后端有1根长而粗的尾毛（图4-32）。幼虫钻入体表上皮细胞层中或鳃间组织，刺激周围的上皮细胞增生，从而形成小囊泡。小瓜虫的生殖方式主要有两种，一是在宿主组织内虫体进行分裂生殖（图4-33至图4-35），一般是不等分分裂3～4次而中止；二是成虫离开鱼体，在水中游泳一段时间后，停下来在原点转动，不久身体分泌一种无色透明有弹性的包囊（图4-34D），一般呈圆形或卵形，沉没在水底或其他固体物上。

流行病学　小瓜虫病在全国各地均有发生，危害较大，不论鱼的种类，从鱼苗到成鱼，均可发病，尤其在面积较小的水体或高密度养殖时更易发生；流行期长，适宜繁殖水温为15～25℃，流行于早春、晚秋和冬季。当水温降至10℃以下或上升至28℃以上，虫体发育停止时，才不会发生小瓜虫病。该病靠包囊及其幼虫传播。

症状　患病鱼反应迟钝，游动缓慢，不时与固体物摩擦，在鱼体表、鳍条或鳃部布满无数白色小点（图4-36、图4-37），故小瓜虫病也叫"白点病"。随着病情的加重，患病鱼体表分泌出大量黏液，表皮糜烂、脱落，甚至伴有蛀鳍、瞎眼等病变。

诊断　根据鱼体表出现的小白点与流行情况可初步诊断。取鳃丝或从鳃上、体表刮取少许黏液，制成水封片，在显微镜下观察到多量小瓜虫时可确诊；同时，取患病鱼体表或鳃丝病灶组织制作组织切片，若能观察到小瓜虫时也可确诊（图4-38）。

防治　彻底清塘除淤，加强饲养管理，保持良好环境，增强鱼体抵抗力，是预防该病的关键。目前该病的治疗十分困难，但采用以下方法防治具有一定的效果：

① 青蒿末，一次量为每千克体重0.3～0.4g，拌饲投喂，每天1次，连用5～7天。

② 亚甲基蓝，一次量为每立方米水体2g，全池泼洒，每天1次，连用2～3天。

③ 辣椒粉和生姜，一次量分别为每立方米水体0.8～1.2g和1.5～2.2g，加水煮沸30分钟后，连渣带汁全池泼洒，每天1次，连用3～4天。

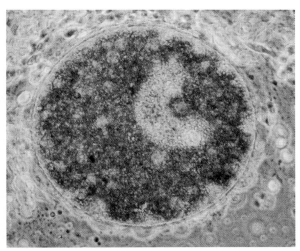

图4-31　小瓜虫成虫形态　　（仿　George P）

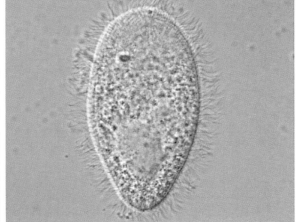

图4-32　小瓜虫幼虫形态

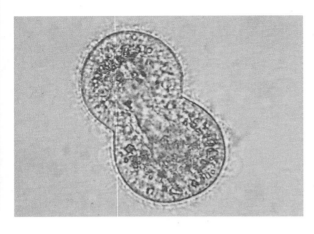

图4-33　处于分裂期的小瓜虫　　（仿　Herbert R)

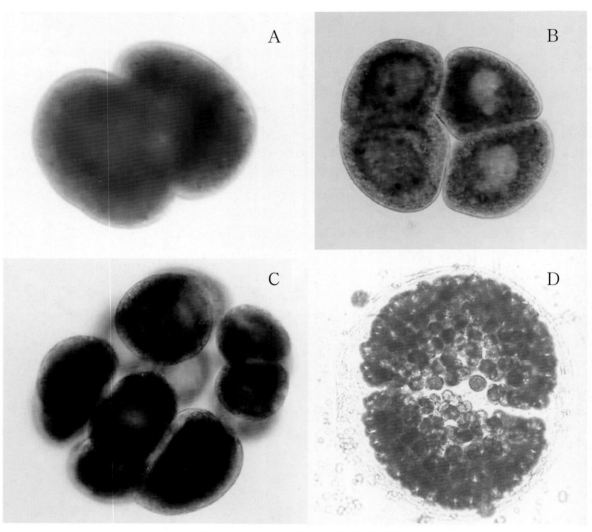

图4-34　小瓜虫不同生长阶段的形态

A.处于二分裂期的小瓜虫；B.处于四分裂期的小瓜虫；

C.处于多分裂期的小瓜虫；D.小瓜虫包囊内的大量幼虫

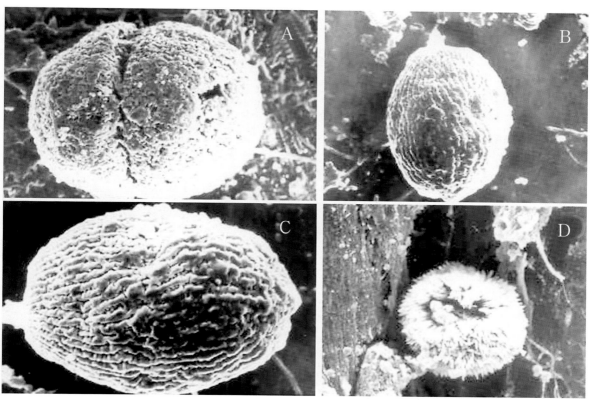

图4-35　小瓜虫不同生长阶段扫描电镜图

A.处于二分裂期的小瓜虫；B、C.孢子分裂完成，还未形成纤毛；D.孢子分裂完成，形成纤毛

图4-36　患病斑点叉尾鮰体表出现大量小白点

图4-37　患病金鱼体表出现大量小白点

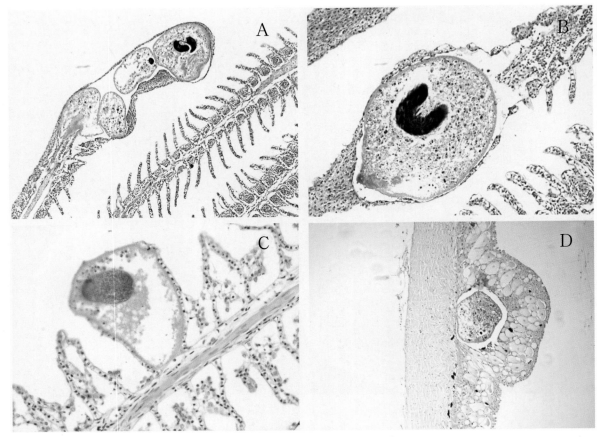

图4-38　寄生于鱼体不同部位的小瓜虫

A、B、C.寄生于鳃丝的小瓜虫；D.寄生于皮肤的小瓜虫

十二、毛管虫病（Trichophriasis）

病原　该病是由毛管虫寄生于鱼的皮肤和鳃引起的疾病。其病原主要有中华毛管虫和湖北毛管虫两种。虫体无固定的形状，呈长形、卵形、圆形或不规则形，大小差异也很大（31～81.3）μm×（15～56.3）μm；有的前端有一簇吸管（图4-39、图4-40），有的虫体上有2～3簇吸管或遍布全身；吸管为中空小管，末端呈球状膨大；体内有1大核，呈棒形或香肠形；体内有3～5个伸缩泡及食物粒。

流行病学　毛管虫主要危害淡水鱼苗种，寄生于鱼类的鳃和皮肤，6～10月为流行季节。主要危害鱼苗、鱼种。全国各地都有发生，以长江流域较为流行。一般感染率和感染强度都不高，对鱼危害不大；只有当大量寄生在鱼苗、鱼种鳃上时，才会引起病鱼死亡。

症状　毛管虫寄生在草鱼、青鱼、鲢、鳙、鲮等鱼的鳃上，破坏鱼的鳃上皮细胞，黏液分泌增多，使鱼呼吸困难，严重感染时可引起死亡。

诊断　取部分鳃丝制成水封片，在显微镜下观察到大量虫体位于鳃丝间隙内，吸管的一端露在外面，即可确诊。

防治　该病的防治方法与斜管虫病的相同。

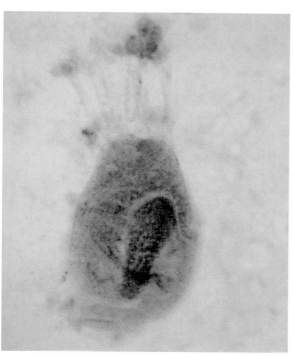

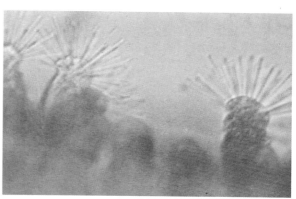

图4-40　寄生在鳃上的毛管虫　　（仿　Dexter R）

图4-39　毛管虫形态　　　　（仿　黄琪琰）

十三、固着类纤毛虫病（Sessilinasis）

病原　该病也称缘毛类纤毛虫病，是由缘毛目固着亚目的一些种类引起的一种危害淡水养殖鱼类的寄生虫病。其病原主要有杯体虫、聚缩虫、钟形虫（图4-41）、累枝虫、单缩虫、拟单缩虫等。虫体结构大体相同，呈倒钟形或高脚杯形，前端形成盘状的口围盘，边缘有纤毛，虫体内有带状、马蹄状或椭圆形大核和1个小核。

流行病学　固着类纤毛虫危害虾、蟹的卵、幼体、成体及淡水鱼的鱼苗。少量固着时一般危害不大，当水中有机质含量多，换水量少时，该虫大量繁殖，引起宿主大量死亡。

症状　固着类纤毛虫大量寄生在鳃时（图4-42、图4-43），黏液分泌增多，呼吸上皮受损，呼吸困难；寄生在体表和鳍条时（图4-44、图4-45），体表有许多绒毛状物，感染鱼停止摄食，最终衰竭而死。

诊断　取鳃丝或刮取体表黏液制成湿涂片，在显微镜下进行检查，并根据虫体的形态学进行诊断。

防治　合理密养和混养，保持水质优良，加强饲养管理可有效地预防该病的发生。该病发生时，可按以下方法进行防治：

① 虾、蟹可用40%福尔马林，一次量为每立方米水体25mL，浸泡24小时，每天1次，连用1～2天。

② 新洁尔灭，一次量为每立方米水体100g，浸泡5分钟，每天1次，连用1～2天。

③ 淡水鱼患病后的防治与斜管虫病的相同。

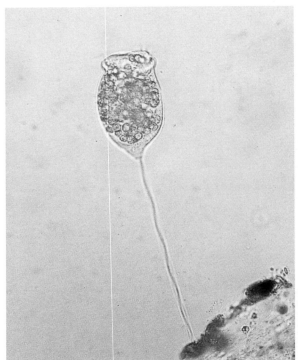

图4-41　钟形虫的形态　　　（仿　Herbert R）

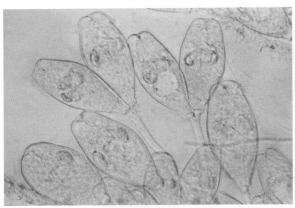

图4-42　寄生在鳃上的累枝虫　　　（仿　黄琪琰）

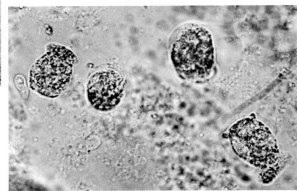

图4-43　寄生在鳃上的杯体虫

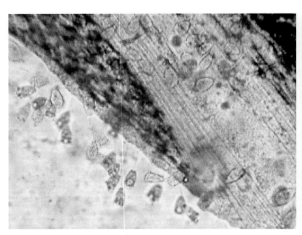

图4-44　寄生在鳍条上的钟形虫

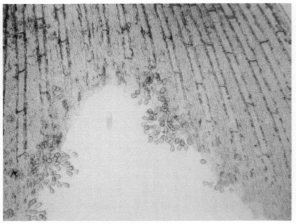

图4-45　寄生在鱼苗尾鳍上的累枝虫

（仿　王伟俊）

十四、斑点叉尾鮰增生性鳃病 (Proliferative gill disease of Channel catfish)

病原 该病是一种以鳃丝肿胀和鳃出现红白相间斑纹为特征的鱼病。其病原至今仍未有定论，但多数人倾向于认为该病是由孢子虫类寄生虫引起的，特别是黏孢子虫。黏孢子虫在发育过程中产生各种形状和大小的孢子，孢子由壳瓣、极囊和孢原质组成。孢子因种类不同，其壳瓣表面有各种条纹、褶皱、线状、针状等结构。

流行病学 增生性鳃病是斑点叉尾鮰养殖中的一种常见病，该病多发生于春天，当秋季水温为15～22℃时也可发生，冬季偶有发生，夏季一般不发生。

症状 患病的斑点叉尾鮰食欲减退，聚集在充氧机附近或聚集在入水口。病情严重时，病鱼出现浮头，或游至池塘的浅水边缘，死亡率可高达100%。由于发病鱼的鳃丝受到了损伤，因此斑点叉尾鮰很容易窒息死亡。肿胀的鳃丝和出现红白相间斑纹的鳃丝使其貌似汉堡包（图4-46），因此，增生性鳃病又被称为汉堡包鳃病。病理组织学检查发现鳃上皮显著增生，并见孢子虫寄生（图4-47）。

诊断 根据症状与病变即可初步诊断，显微镜观察鳃丝病变，若鳃上皮出现显著增生与孢子虫寄生即可确诊。

防治 该病发生时，应及时充氧，使池水保持充足的溶氧量，尽快处理增生性鳃病的感染鱼。用药时，不应使用对鳃丝刺激性大的药物，以免增加鳃小片负担，加重病情。同时也可按以下方法进行防治：

① 90%晶体敌百虫，一次量为每立方米水体0.3～0.5g，全池泼洒。

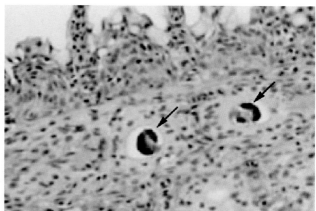

图4-47 患病斑点叉尾鮰鳃组织中的孢子寄生（箭头所示） （仿 Durborow B）

图4-46 患病斑点叉尾鮰鳃丝出现红白相间斑纹

（仿 Mitchell D）

② 盐酸左旋咪唑，一次量为每千克鱼体重10～25mg，拌饲投喂，每天1次，连用7天。

③ 盐酸奎钠克林，一次量为每立方米水体2.1～3.2g，全池泼洒。

十五、指环虫病（Dactylogyriasis）

病原 该病是指环虫属的一些种类寄生于鱼的皮肤和鳃而引起的疾病。其病原种类很多，主要有寄生于草鱼鳃、皮肤和鳍的鳃片指环虫，寄生于鳙鳃上的鳙指环虫，寄生于鲢鳃上的小鞘指环虫，寄生于鲤、鲫、金鱼鳃丝的坏鳃指环虫。虫体头部分为4叶，咽两侧有2对眼点，虫体后端为一盘状的固着器，边缘有7对小钩，中央有1对锚状大钩（图4-48、图4-49）。幼虫身上有纤毛5簇，具4个眼点和小钩。在水中游泳遇到适当宿主时就附着上去，脱去纤毛，发育为成虫。

流行病学 指环虫病是鱼苗、鱼种常见的寄生虫病，流行于春末夏初，适宜温度为20～25℃。大量寄生可使苗、种大批死亡。主要危害鲢、鳙、草鱼、鲤、鲫及金鱼等。

症状 患病鱼瘦弱，游动无力，浮于水面。虫体借助于固着器上的中央大钩和边缘小钩寄生在鳃上时，导致鳃黏液分泌异常增多，鳃丝肿胀，鳃盖张开，病鱼表现为呼吸困难而发生死亡（图4-50、图4-51）；寄生在体表时，黏液分泌增多，并出现充血与出血斑（图4-52）。

诊断 取少量鳃丝压片，显微镜检查，当发现有大量指环虫寄生（每片鳃上有50个以上虫体或在低倍镜下每个视野有5～10个虫体）时，可确定为指环虫病。

防治 鱼种放养前的消毒是预防该病发生的关键，可用高锰酸钾，一次量为每立方米水体15～20g，浸浴10～20分钟。

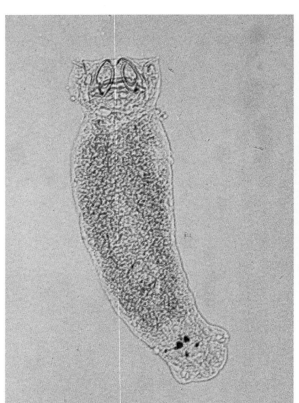

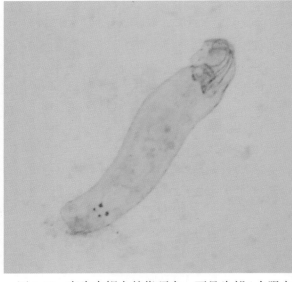

图4-49 寄生在鳃上的指环虫，可见头部4个眼点和尾部的锚钩

图4-48 指环虫外部形态 （仿 Herbert R）

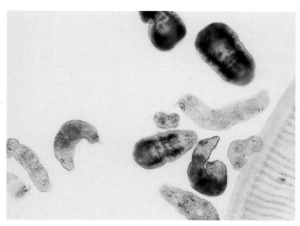

图4-50　寄生在鳃上的指环虫

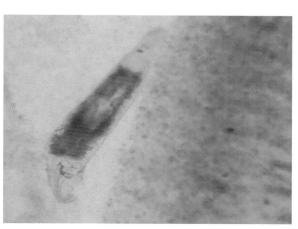

图4-51　寄生在鳃上的指环虫

图4-52　患病香鱼体表黏液异常分泌，充血和斑状
　　　　出血　　　　　　　　　（仿　城泰彦）

该病发生时，可按以下方法进行防治：

① 90%晶体敌百虫，一次量为每立方米水体0.2～0.3g，全池遍洒；或2.5%敌百虫粉剂，一次量为每立方米水体1～2g，全池遍洒。

② 伊维菌素，一次量为每千克鱼体重0.04g，拌饲投喂，每天1次，连用3～5天。

③ 10%甲苯咪唑溶液，一次量为每立方米水体0.1～0.15g（青鱼、草鱼、日本鳗、鲢、鳙、鳜）或0.25～0.5g（欧洲鳗、美洲鳗），加2 000倍水稀释均匀后，全池泼洒，病情严重第2天再用1次。

十六、三代虫病（Gyrodactyliasis）

病原　该病是一种由三代虫属的一些种类寄生于体表与鳃而引起的一种疾病。其病原主要有鲩三代虫、单联三代虫、鲢三代虫、鲩三代虫、秀丽三代虫等。其外形与运动状态与指环虫相似（图4-53、图4-54），主要区别是三代虫的头部仅分成2叶，无眼点，后固着器除1对中央大钩外，有7对边缘小钩（图4-55、图4-56）；虫体中央有子代胚胎，且子代胚胎中又孕育有第三代胚胎（图4-57），故称三代虫。

流行病学　三代虫病主要危害草鱼、金鱼、鲤、鲫、鲢、鳙和虹鳟等鱼类的鱼苗、鱼种，春末夏初，水温20℃左右时是其发病高峰期。

  症状 三代虫寄生在鱼鳃和体表皮肤，寄生数量多时，鱼体瘦弱，呼吸困难，食欲减退，体表和鳃黏液增多，鳃丝肿胀，鳍条可见蛀鳍现象（图4-58）。

  诊断 刮取患病鱼体表黏液或取部分鳃丝制成水封片，置于低倍镜下观察，发现大量虫体即可诊断。

  防治 该病的防治方法与指环虫的相同。

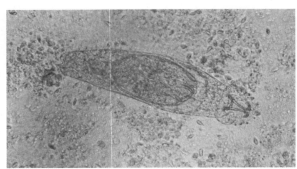

图4-53 三代虫形态结构

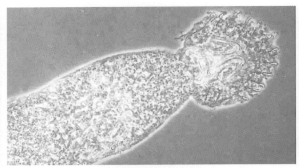

图4-55 三代虫后固着器形态 （仿 Frickhinger）

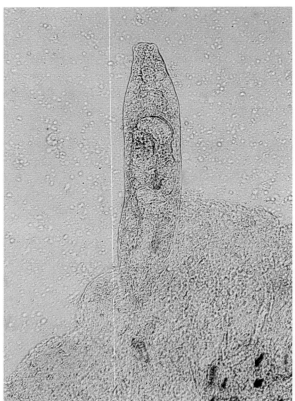

图4-54 寄生在鳃上的三代虫（仿 Herbert R）

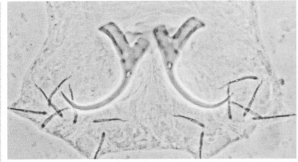

图4-56 三代虫后吸器中央有1对大钩和7对边缘小钩 （仿 小川和夫）

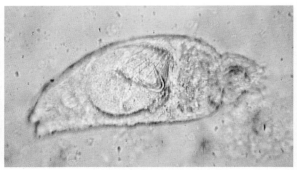

图4-57 寄生在鳃上的三代虫体内孕育子代与第三代胚胎 （仿 Herbert R）

图4-58　患病虹鳟鳍条和皮肤溃烂

（仿　Hastein T）

十七、双穴吸虫病（Diplostomulumiasis）

　　该病又称复口吸虫病、白内障病，是一种由双穴吸虫的尾蚴及囊蚴寄生而引起的流行面积广、危害严重的鱼类复殖吸虫病。

　　病原　我国危害较大的主要是：倪氏双穴吸虫、湖北双穴吸虫及山西双穴吸虫。双穴吸虫的囊蚴不结囊，透明，扁平卵圆形，大小为0.4～0.5mm。前端有1个口吸盘，两侧各有1个侧器。成虫寄生在红嘴鸥等鸟类的肠中，虫卵随粪便排出落入水中，在水中孵化成毛蚴。毛蚴进入第一中间宿主椎实螺体内，发育成胞蚴，胞蚴产出成百上千个尾蚴。尾蚴在水中再进入第二中间宿主鱼体内，钻入附近血管，通过血管进入眼球，发育成囊蚴。鸥鸟吞食病鱼后，囊蚴在其肠内再发育成成虫。

　　流行病学　双穴吸虫病是一种危害较大的全球性寄生虫病，尤其是在鸥鸟及椎实螺较多的地区更严重；可危害多种淡水鱼，尤以鲢、鳙、团头鲂、虹鳟的苗、种最为严重，其死亡率达60%以上。

　　症状　急性感染时，患病鱼在水面急游或上下往返的挣扎状游动；头部及眼眶周围充血、出血、发红；失去平衡能力，头部向下，在水面旋转，鱼体颤抖，并逐渐弯曲，短期内出现大量死亡。慢性感染时，引起眼球晶状体浑浊发白（图4-59至图4-61），甚至出现晶状体脱落和瞎眼现象，病变晶状体切片其内可见大量囊蚴（图4-62）。

　　诊断　根据鱼类眼睛晶状体发白可作出初诊，取患病鱼的晶状体制作组织切片，显微镜下若发现大量虫体，即可确诊。鱼苗、鱼种急性感染时，往往眼睛不发白，眼睛中寄生虫不多，这时需根据临床症状结合当地是否有很多鸥鸟，池中是否有椎实螺等情况进行诊断。

图4-59　患病的团头鲂（下）晶状体发白及健康
　　　　鱼（上）　　　　（仿　黄琪琰）

图4-60　患病鲢眼球晶状体发白　　（仿　Wolf D）

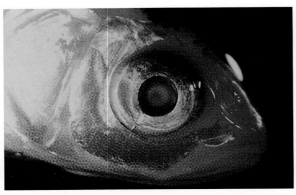

图4-61　患病鱼眼球晶状体发白　（仿 Hool D）

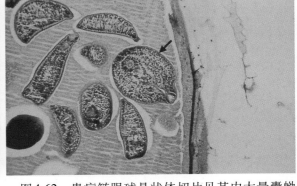

图4-62　患病鲢眼球晶状体切片见其内大量囊蚴
（H.E×100）　　　（仿 Hool D）

防治　预防：该病的预防关键点在于消灭中间宿主，因此必须彻底清塘，进水时要经过过滤，以防中间寄主随水带入。治疗：该病发生时，可采用90%晶体敌百虫，一次量为每立方米水体0.5～0.7g，全池泼洒。

十八、茎双穴吸虫病（Posthodiplostomumiasis）

病原　该病也称新复口吸虫病、黑点病，是由茎双吸虫的囊蚴寄生引起的一种疾病。茎双穴吸虫的囊蚴结囊，将囊蚴挑破后可见虫体前端有1个口吸盘，两侧各有1个侧器。茎双穴吸虫成虫寄生于苍鹭、翠鸟等吃鱼鸟类的肠中，第一中间宿主为椎实螺，第二中间宿主为鱼。主要危害鲢、鳙的鱼种，草鱼、青鱼、鳊等其他鱼类也有发现。全年都有发生。鱼类感染疾病早期没有明显症状，严重时，病鱼消瘦，体表皮肤、鳍、眼角膜、头部等处有许多黑色的小结节，手感粗糙，故称黑点病。

流行病学　茎双穴吸虫对鲢、鳙、团头鲂、草鱼、青鱼和鲤等多种淡水鱼类，尤以鲢、鳙的鱼苗、鱼种危害大，通常发生于春末夏初，严重时可引起大批死亡。

症状　体表皮肤、鳍、眼角膜等处有许多黑色的小结节（图4-63、图4-64），触摸有粗糙感。用针刺破黑点可见蠕动的幼虫。

诊断　根据症状及流行情况进行初步诊断，镜检确诊。

防治　该病的防治方法与双穴吸虫病相同。

图4-63　患病鱼体表出现大量黑点　（仿 Hool D）

图4-64　患病鳙体表出现大量黑点

十九、扁弯口吸虫病 （Clinostomumiasis）

病原 该病是一种由扁弯口吸虫的囊蚴寄生引起的疾病。扁弯口吸虫包囊一般为橘黄色，虫体大小为 （4 ~ 6） μm×2μm，前端为口吸盘，下为肌质的咽（图4-65）。其成虫寄生于水鸟的咽喉和食道内，第一中间寄主为椎实螺，第二中间寄主为淡水鱼类。

流行病学 近年来，扁弯口吸虫病在全国各地均有发现。该病主要危害草鱼、鲢、鳙、鲤、鲫、麦穗鱼和斗鱼等淡水鱼类。流行季节为5 ~ 8月。

症状 扁弯口吸虫的囊蚴寄生在鱼的肌肉以及头部、鳃等处，形成圆形小包囊，呈橙黄色或白色，直径约2.5mm（图4-66、图4-67）。在一尾鱼体上的囊蚴可从数个到100个以上。大量寄生可致鱼苗、鱼种死亡。

诊断 取患病鱼寄生部位的疑似包囊压片、镜检，并结合症状、病变与流行病学可确诊。

防治 该病的防治方法与双穴吸虫病相同。

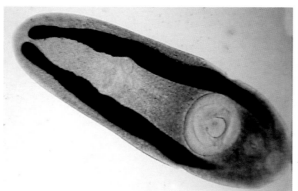

图4-65 扁弯口吸虫的囊蚴形态

图4-66 患病鲫下颌出现黄色包囊

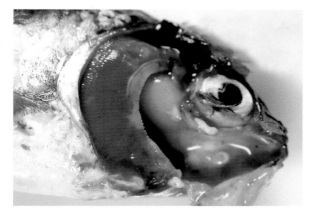

图4-67 患病鲫的鳃和口腔内出现黄色包囊

二十、许氏绦虫病 （Khawiasis）

病原 该病是一种由许氏绦虫的寄生引起的疾病。许氏绦虫虫体细长，不分节，头节明显扩大，前端边缘呈鸡冠状皱褶（图4-68、图4-69）。成虫寄生于鱼类肠道中，中间寄主为水蚯蚓。

流行病学　许氏绦虫病主要危害鲫及两龄以上的鲤鱼。水质较肥的池塘或浅型湖泊中，水蚯蚓较多，易发该病，病情的严重程度与水中的水蚯蚓量成正比。

症状　轻度感染时无明显症状，大量寄生时，病鱼消瘦，食欲减退或不摄食，肠道被大量虫体堵塞，并引起肠道发炎（图4-70），病鱼贫血，以至死亡。

诊断　根据症状与病变可初步诊断，取虫体镜检发现其身体不分节，头节扩大，前端边缘呈鸡冠状皱褶的特征可确诊。

防治　加强管理，改善水质，消灭中间宿主等措施是控制该病的关键。对该病的防治也可按以下方法进行：

① 90%晶体敌百虫，一次量为每立方米水体0.5～0.7g，全池泼洒。

② 2%吡喹酮预混剂，一次量为每千克饲料1～2g，拌饲投喂，每3～4天1次，连用3次。

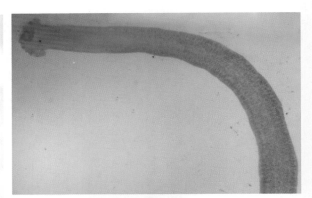

图4-69　中华许氏绦虫的形态

图4-68　许氏绦虫头部形态

图4-70　患病鲤肠道内大量虫体

二十一、头槽绦虫病（Bothriocephalusiosis）

病原　该病是由头槽绦虫寄生于肠内引起的疾病。其病原主要有九江头槽绦虫和马口头槽绦虫两种。虫体带状，分节，体长20～250mm（图4-71、图4-72）。头节有1明显的顶盘和2个较深的吸沟（图4-73）。成虫寄生在鱼类肠道，中间寄主为剑水蚤。

流行病学　头槽绦虫可感染草鱼、团头鲂、青鱼、鲢、鳙、鲮等，其中以草鱼及团头鲂鱼种受害最为严重，尤对越冬的草鱼鱼种危害最大，死亡率可达90%。草鱼在8cm以下受害最甚，当体长超出10cm时，感染率开始下降。

症状　患病鱼消瘦，发黑，食欲下降或不摄食，口常张开；剖解见前肠扩张成胃囊状，其内有大量带状乳白色虫体，肠黏膜充血、发炎（图4-74）。

诊断　剖开鱼腹，剪开前肠扩张部位，若可见白色带状分节虫体即可确诊。

防治　加强管理，彻底清塘，改善水质是该病防控的关键。该病发生时，可按以下方法进行防治：

① 2%吡喹酮预混剂，一次量为每千克饲料1～2g，拌饲投喂，每3～4天1次，连用3次。

② 丙硫咪唑，一次量为每千克鱼体重40mg，拌饲投喂，每天2次，连用3天。

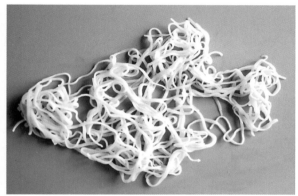

图4-71　头槽绦虫呈乳白色带状

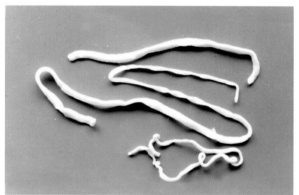

图4-72　头槽绦虫

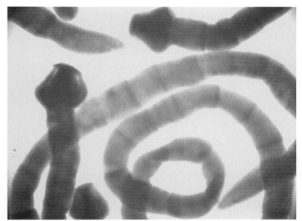

图4-73　寄生于草鱼肠道内的头槽绦虫的形态

图4-74　患病草鱼肠道内大量虫体

二十二、舌状绦虫病（Ligulaosis）

病原　该病是由舌型绦虫和双线绦虫的裂头蚴寄生于腹腔引起的疾病。舌状绦虫虫体肉质肥厚，呈白色长带状，俗称"面条虫"（图4-75）。虫体宽15mm，长度从数厘米到数米。病鱼腹部膨大，严重时失去平衡，侧游上浮或腹部向上，解剖鱼腹，可见腹腔内充满大量白色的带状虫体，内脏受损，严重萎缩，失去生殖能力，病鱼极度消瘦，严重贫血而死亡。第一中间宿主为细镖水蚤，第二中间宿主为鱼，终末寄主为鸥鸟。

  流行病学 舌状绦虫病在我国流行很广，堰塘、水库、江河养殖鱼类均有感染发生病例。主要危害鲫、鲢、鳙、鲤等鱼类（图4-76至图4-79），无明显的流行季节。

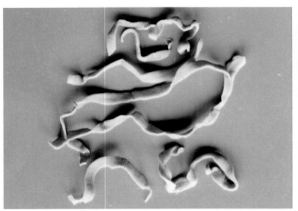

图4-75 舌状绦虫

图4-76 寄生于鲫腹腔中的绦虫

图4-77 患病鲫腹腔内大量舌状绦虫虫体
（仿 Hool D）

图4-78 从患病鲫腹腔中分离出的绦虫

图4-79 患病红鲌腹腔内大量舌状绦虫虫体

症状　患病鱼腹部膨大，严重时失去平衡，鱼侧游上浮或腹部朝上。解剖时，可见到鱼体腔中充满大量白色带状的虫体，内脏受压而变形萎缩，正常机能受抑制或遭破坏，引起鱼体发育受阻，鱼体消瘦。

诊断　根据病鱼症状可以初诊；剖开鱼腹可见腹腔内充塞着白色卷曲的虫体即可确诊。

防治　该病可通过彻底清塘杀灭虫卵与第一中间宿主，或驱赶终末宿主鸥鸟进行预防。

二十三、嗜子宫线虫病（Philometraiosis）

病原　该病是由嗜子宫线虫寄生引起的鱼病。嗜子宫线虫常见的种类有：寄生在鲫尾鳍的鲫嗜子宫线虫；寄生在鲤鳞囊内的鲤嗜子宫线虫（图4-80）；寄生于乌鳢、斑鳢等鱼鳍条间的藤本嗜子宫线虫；寄生于黄颡鱼眼眶内的黄颡鱼嗜子宫线虫等（图4-81）。虫体一般为血红色，两端稍细，似粗棉线。

流行病学　嗜子宫线虫主要危害1龄以上的鱼，主要出现在春季，6月份以后鱼体不再有虫体。通常呈散在性流行，鱼群中寄生线虫的分布为聚集分布类型，即少数鱼中寄生的数目较多，多数鱼寄生比较少，故危害不是很大。

症状　患病部位可见红色线状虫体，且寄生部位表现出充血、发炎，甚至溃烂等病变（图4-82）。

诊断　肉眼观察到体腔内、鳍条上、鳞片下或眼眶内有红色线状虫体即可诊断。

防治　该病的防治方法主要有：

① 90%晶体敌百虫和面碱，一次量为每立方米水体0.16～0.24g，按1:0.6混合溶解于水，全池泼洒。

② NaCl，一次量为每立方米水体20 000～25 000g，浸洗0.5～1小时。

③ 1%高锰酸钾溶液，涂抹病灶，但寄生在眼眶内的病鱼不能用该方法。

图4-80　寄生于鲤鳞片下的嗜子宫线虫

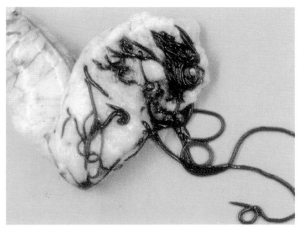

图4-81　寄生于黄颡鱼眼眶内的虫体

（仿　王伟俊）

图4-82　寄生于真鲷的相互缠绕的嗜子宫线虫

（仿　小川和夫）

二十四、隐藏新棘衣虫病（Pallisentis celatus disease）

病原　该病是由隐藏新棘衣虫的寄生引起的鱼病。隐藏新棘衣虫的虫体白色，呈圆筒形，前端略膨大，吻小，吻钩排列成四圈，每圈有8个（图4-83）。

流行病学　黄鳝、黄颡鱼、鲇等都可感染，但以黄鳝的危害最大，一年四季都可发生。

症状　虫体常寄生于黄鳝、黄颡鱼、鲇等的前肠（图4-84），病鱼消瘦，食欲减退，生长缓慢，严重时引起死亡。剖解见前肠腔内有大量虫体，致肠壁损伤发炎，或因大量寄生而引起肠梗阻，肠穿孔（图4-85）。

诊断　根据流行病学、症状可初步诊断，剖开病鱼肠道，肉眼见乳白色虫体，其吻部钻在肠壁组织内，镜检虫体吻小，可自由伸缩，吻钩排列成4圈，每圈有8个，若虫体具有这个生物学特征可确诊。

防治　该病的防治方法主要有：

① 90%晶体敌百虫，一次量为每立方米水体0.3～0.5g，全池泼洒。

② 伊维菌素，一次量为每千克鱼体重0.04mg，每天1次，连用3天。

图4-83　隐藏新棘衣虫吻部形态

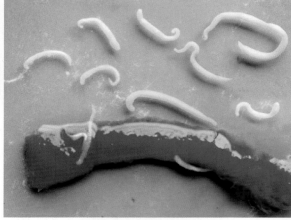

图4-84　患病黄鳝肠道内的虫体

图4-85　患病鱼肠道内的虫体

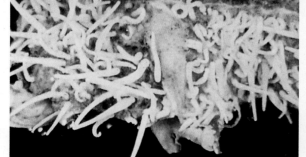

（仿　Edward J）

二十五、鱼蛭病（Piscicolaiosis）

病原　该病是由尺蠖鱼蛭或中华湖蛭的寄生引起的鱼病。尺蠖鱼蛭体形窄长，圆柱形，体长约2～5cm（图4-86）；中华湖蛭呈椭圆形，背部隆起，前端有1口吸盘，后端有1口较大的后吸盘（图4-87）。

流行病学　鱼蛭病主要危害鲤、鲫等多种淡水底层鲤科鱼类。

症状　鱼蛭常寄生在鱼的体表、鳃、鳍条和口腔（图4-88、图4-89），因虫体在鱼体上吸血和爬行，患病鱼表现不安，常跳出水面，呼吸困难，生长不良和贫血。

诊断　肉眼检查，若在靶部位发现虫体即可做出诊断。

防治　该病的防治方法主要有：

① NaCl，一次量为每立方米水体20 000～25 000g，浸洗0.5～1小时。

② 40%甲醛溶液，一次量为每立方米水体20～30 mL，浸浴24小时。

图4-86　尺蠖鱼蛭外部形态

图4-87　中华湖蛭形态

图4-88　患病鱼鳍条上寄生水蛭

（仿　Moller H）

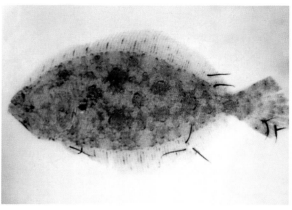

图4-89　患病鲆鳍条上寄生大量水蛭

（仿　Edward J）

二十六、中华鳋病（Sinergasiliasis）

病原 该病是由中华鳋属的一些种类寄生鱼体引起的疾病。中华鳋虫体呈圆柱形、乳白色，身体分为头、胸、腹三部分，头部略似三角形或菱形，胸部5节，腹部3节（图4-90、图4-91）。我国危害较大的种类有：寄生在草鱼、青鱼、鲇和赤眼鳟等鱼鳃上的大中华鳋；寄生在鲢、鳙鳃上的鲢中华鳋；寄生在鲤、鲫鳃上的鲤中华鳋三种。

流行病学 大中华鳋主要危害1龄以上草鱼，鲢中华鳋主要危害1龄以上鲢、鳙，严重时均可引起病鱼死亡。主要流行季节为5月下旬至9月上旬。

症状 轻度感染时一般无明显症状，严重感染时，病鱼呼吸困难，焦躁不安，在水表层打转或狂游，尾鳍上叶常露出水面，故俗称"翘尾巴病"，最后消瘦、窒息而死。病鱼鳃上黏液分泌增多，鳃丝末端膨大成棒槌状，苍白而无血色，鳃丝末端可见大量乳白色虫体（图4-92）。

诊断 用镊子掀开病鱼的鳃盖，见鳃丝末端内侧有乳白色虫体，即可进行诊断。

防治 该病的防治方法主要有：

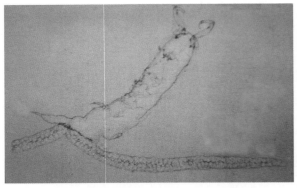

图4-90 大中华鳋形态，可见一对卵囊

（仿 黄琪琰）

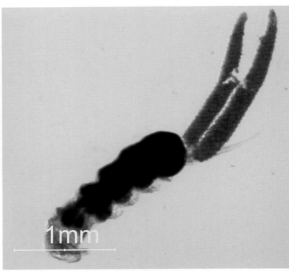

图4-91 中华鳋形态

图4-92 患病鲢鳃上寄生的中华鳋，呈白色小蛆状

① 含氯石灰（漂白粉），一次量为每立方米水体15g，带水约30cm清塘。

② 硫酸铜硫酸亚铁合剂（硫酸铜∶硫酸亚铁为5∶2），每立方米水体0.7g，放养前浸浴20～30分钟。

③ 4.5%氯氰菊酯溶液，一次量为每立方米水体0.02～0.03mL，用水稀释2 000倍，全池泼洒或喷雾，每月使用1次。

二十七、锚头鳋病（Lernaeosis）

病原　该病是由锚头鳋科的一些种类寄生引起的鱼病。锚头鳋虫体细长，体节融合成筒状，头、胸部长出头角，形似铁锚，胸部细长，自前向后逐步扩宽，分节不明显，每节间有1对双肢型游泳足（图4-93）。我国危害较大的种类有：寄生在鳙、鲢的体表及口腔的多态锚头鳋；寄生在草鱼体表的草鱼锚头鳋；寄生在鲤、鲫、鲢、鳙、乌鳢、青鱼等鱼体表、鳍及眼上的鲤锚头鳋。

流行病学　全国都有该病流行，其中以广东、广西和福建最为严重，感染率高，感染强度大，流行季节长，为当地主要鱼病之一。锚头鳋在水温12～33℃都可以繁殖。当有四五只虫寄生时，即能引起病鱼死亡；对2龄以上的鱼一般虽不引起大量死亡，但影响鱼体生长、繁殖及商品价值。主要危害体重100g以上的鳗，寄生在鳗的口腔内，严重时鱼因不能摄食而饿死。

症状　锚头鳋以头、胸部插入寄主的肌肉与鳞片下，而胸、腹部则裸露于鱼体之外，在寄生部位可见针状虫体。病鱼通常呈烦躁不安、食欲减退、行动迟缓、身体瘦弱等病态。大量锚头鳋寄生，虫体老化时，虫体上布满藻类和固着类原生动物，鱼体犹如披着蓑衣，故又称"蓑衣虫病"。寄生处，周围组织充血发炎（图4-94、图4-95），常可见寄生处的鳞被蛀成缺口（图4-96）。寄生于口腔内时，可引起口腔不能关闭，而不能摄食（图4-97）。

诊断　肉眼见到患病鱼口腔、体表一根根似针状的虫体，即可诊断。草鱼和鲤锚头鳋寄生在鳞片下，检查时仔细观察鳞片腹面或用镊子取掉鳞片看到虫体而确诊。

防治　该病的防治方法主要有：

① 90%晶体敌百虫，一次量为每立方米水体0.3～0.7g，全池泼洒，可杀死池中锚头鳋的幼虫，一般每月须连续用2～3次，每次间隔天数随水温而定，水温高时，间隔的天数少，反之则多。

② 4.5%的氯氰菊酯，一次量为每立方米水体0.015～0.02mL，稀释2 000～3 000倍后，全池泼洒。

图4-93　锚头鳋形态　　　　（仿　George P）

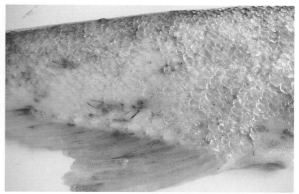

图4-94　患病鱼体表寄生大量锚头鳋

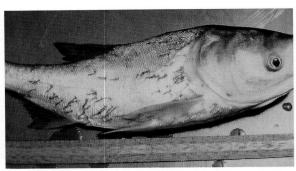

图4-95 患病鲢体表寄生大量锚头鳋

（仿 Mohammed S）

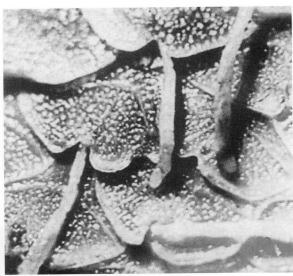

图4-96 鲤锚头鳋寄生致鳞片缺损

（仿 王伟俊）

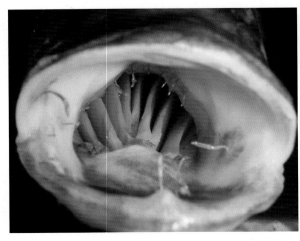

图4-97 寄生于鲢口腔中的锚头鳋

二十八、鱼鲺病（Arguliosis）

病原 该病是由鲺寄生于鱼的体表和口腔而引起的鱼病。鲺背腹扁平，略呈椭圆形或圆形，由头、胸、腹三部组成（图4-98、图4-99）。我国危害较大的种类有：寄生在青鱼、草鱼、鲢、

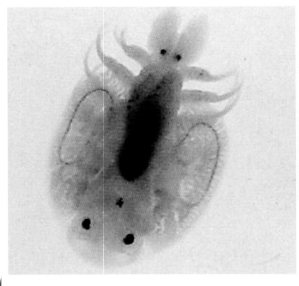

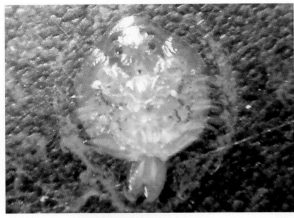

图4-99 鱼鲺活体的形态

图4-98 鱼鲺形态

鳙、鲤、鳊等鱼的体表和鳃上的日本鲺；寄生在青鱼、鲤体表和口腔的喻氏鲺；寄生于鲤、草鱼体表的椭圆尾鲺。

流行病学　鱼鲺主要危害幼鱼和鱼种，如3cm规格的草鱼鱼种，当寄生2～3只时能引起死亡。在全国各地均有发现，尤以广东、广西和福建较为普遍，常引起鱼种死亡。长江流域一带，流行于6～8月。

症状　鲺用其口刺不断刺伤鱼体皮肤（图4-100），用大颚撕破表皮，用其毒腺刺激鱼体，形成许多伤口，出血，使鱼体表现极度不安，在水中狂游或跃出水面。

诊断　患病鱼体表及鳍条基部若见到虫体即可确诊。

防治　该病发生时，可按以下方法进行防治：90%晶体敌百虫，一次量为每立方米水体0.3～0.5g，全池泼洒。

图4-100　患病鱼体表寄生的鱼鲺
（仿　Mitchum　D）

二十九、鱼怪病（Ichthyoxeniosis）

病原　该病是由日本鱼怪寄生引起的鱼病。日本鱼怪的虫体呈卵圆形，乳酪色，分头、胸、腹部分，头部较小，背面有1对复眼，胸部7节，宽大，每节都有1对胸足，腹部7节，每节有1对腹肢（图4-101）。

流行病学　鱼怪病在云南、山东、河北、江苏、浙江、上海、黑龙江、天津、四川、安徽、湖北、湖南等地的水域内均有流行，池塘中极少发生，其中尤以黑龙江、云南、山东为严重，且多见于湖泊、河流、水库。主要危害鲫、雅罗鱼、齐口裂腹鱼和鲤等。

症状　鱼怪成虫寄生在鱼的胸鳍基部附近围心腔后的体腔内（图4-102），病鱼腹面靠近胸鳍基部有1～2个黄豆大小的孔洞。凡有鱼怪寄生的病鱼性腺均不发育。鱼怪幼虫寄生在幼鱼体表和鳃上，鱼表现极度不安，大量分泌黏液，皮肤受损而出血。鳃小片黏合，鳃丝软骨外露。

诊断　根据胸鳍基部的损伤及围心腔内发现的虫体即可确诊。

防治　鱼怪病一般都发生在比较大的水面，如水库、湖泊、河流，池塘内一般较少发生；鱼怪成虫对药物的耐受性比寄主强，在大面积水域中杀灭鱼怪成虫非常困难，而杀灭幼虫是防治鱼怪病的有效方法。该病的防治方法主要有：

① 90%晶体敌百虫，一次量为每立方米水体1.5g，浸泡15～20分钟，可杀灭网箱内鱼怪幼虫。

② 鱼怪幼虫有强烈火的趋光性，大部分都分布在岸边水面，在离岸30cm以内的一条狭水带

中，所以可在鱼怪放幼虫的高峰期，选择无风浪的日子，在沿岸30cm宽的浅水中使用90%晶体敌百虫，一次量为每立方米水体0.5g，浸泡15～20分钟，这样经过几年之后可基本上消灭鱼怪。

图4-101　鱼怪形态

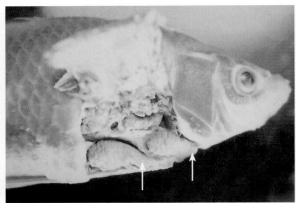

图4-102　患病鲫体腔内的1对虫体（如箭头所示）

（仿　王伟俊）

第五章

鱼类营养代谢及中毒性疾病

一、维生素缺乏症(Hypovitaminosis)

维生素是维持鱼类生长发育、保证正常生理机能所必需的物质。鱼体本身不能合成绝大多数的维生素，必须从饲料中摄取。鱼类对维生素的需要量很小，然而绝大多数维生素作为多种酶或辅酶的辅基组成部分，在鱼体内各种复杂的生理代谢中发挥了重要的作用。鱼类若食用维生素含量不足或缺乏的饲料，维生素的摄入量不能满足机体正常代谢的生理需要，从而引起鱼体特定组织或器官的损伤，并导致生产性能的下降，甚至引起死亡。目前已知的维生素有20多种，可分为水溶性维生素（如维生素 B_1、维生素 B_2、维生素 B_5、维生素 B_6、维生素 B_{12}、维生素 C）和脂溶性维生素（如维生素 A、维生素 D、维生素 E 和维生素 K）两大类。

1.维生素A 缺乏症（Vitamin A deficiency）

病因 维生素A 为不饱和的一元醇类，属脂溶性维生素。维生素A 与鱼类对疾病的抵抗力密切相关，同时也与鱼类免疫器官的发育密切相关。

症状 维生素A 缺乏时，鱼容易出现干眼病，角膜水肿，眼球外突，晶状体移位（图5-1至图5-3），体表出血，上皮组织角质化，鳍基部出血，鳃瓣畸形、鳃瓣常连成一体，尖端肥大，骨骼发育不正常，食欲不振，生长缓慢。

诊断 根据症状与病理变化，结合饲料中维生素A 含量的测定即可确诊。

防治 当发现维生素A 缺乏时，在渔用饲料中使用维生素混合剂提高维生素A 的含量。若饲养草食性、杂食性鱼类，可在饲料中添加和搭配青绿饲料、胡萝卜和黄玉米等。

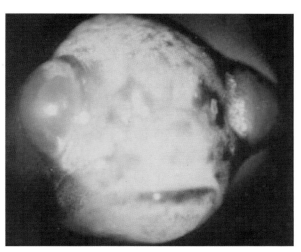

图5-1 维生素A缺乏虹鳟角膜水肿，眼球突出

(仿 Poston)

图5-2　维生素A缺乏鲈角膜水肿，眼球突出

（肖丹　赠）

A.侧面观；B.正面观

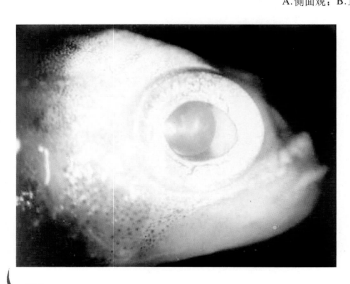

图5-3　维生素A缺乏虹鳟晶状体移位

（仿　Poston)

2.B族维生素缺乏症（Vitamin B deficiency）

病因 B族维生素是一组有着不同结构的化合物，其成员包括维生素B_1（硫胺素）、维生素B_2（核黄素）、维生素B_3（泛酸）、维生素B_5（烟酸）、维生素B_6（吡哆醇类）、维生素B_7（生物素）、维生素B_{11}（叶酸）、维生素B_{12}（钴胺素）。B族维生素都是水溶性维生素，它们起协同作用，共同调节新陈代谢，维持皮肤和肌肉的健康，增进免疫系统和神经系统的功能，促进细胞生长和分裂。

症状 B族维生素缺乏时，鱼类临床上都表现出食欲减退或消失，生长缓慢。维生素B_1缺乏时，鱼体表、鳍条出血（图5-4、图5-5），长期缺乏时，鱼体肌肉萎缩、水肿，机体失去平衡能力；维生素B_2缺乏时，鱼类的眼睛出血，晶体浑浊，游泳异常，贫血；维生素B_5缺乏时，可影响鱼类的正常生长发育（图5-6）；维生素B_6缺乏时，鱼类游泳异常，旋转运动，呼吸急促，神经系统紊乱，眼球突出，鳃盖柔软变形，贫血；维生素B_{12}缺乏时，鱼类的行动迟缓、运动失调，体色变暗，皮肤、眼睛及鱼鳍条充血，血红蛋白降低，红细胞抗性下降，贫血，死亡率增加。

诊断 根据症状与病变，结合饲料中B族维生素含量的测定即可确诊。

防治 当发现B族维生素缺乏时，要调整饲料配方，在鱼用饲料中添加混合维生素制剂或对症增加B族维生素的用量。同时应多投喂青饲料、啤酒酵母、鱼粉、米糠、饼粕、麸皮、鱼液膏、小麦粉、肉骨粉等富含B族维生素的饲料。

图5-4 维生素B_1缺乏症鰤鱼体表和鳍条出血
（仿 福田·穰）

图5-5 维生素B_1缺乏症鰤鱼体表和鳍条出血（局部放大图）

（仿 福田·穰）

图5-6 维生素B_5缺乏虹鳟发育不良

（仿 Poston）

3. 维生素C 缺乏症（Vitamin C deficiency）

病因　维生素C，又称抗坏血酸，其化学本质是一种含6个碳原子的酸性多羟基化合物，同时具有强酸性和强还原性。维生素C一方面作为细胞内酶的辅助因子参与胶原蛋白、儿茶酚胺、类固醇激素的合成，调节肽酰胺化、矿物质代谢；另一方面作为细胞内外重要抗氧化剂，在抗应激、调节免疫等功能上起重要作用。维生素C是水产饲料中不可缺少的维生素之一。绝大多数鱼类不能自身合成维生素C，它们必须从饲料中获得，因此当饲料中维生素C含量不足或缺乏时，鱼类就容易出现维生素C缺乏症。

症状　维生素C缺乏时，鱼生长缓慢，饵料系数增高，突眼，皮肤出血，尾鳍腐蚀，伤口愈合慢，体内外可见出血，腹部肿胀，脊柱侧凸（图5-7），鳃盖发育不良（图5-8）。

诊断　根据症状与病变，结合饲料中维生素C含量的测定即可确诊。

防治　该病的防治方法主要有：

① 加强管理，投喂新鲜饲料。

② 维生素C，一次量为每千克饲料1 ~ 2g，定期拌饲投喂。

图5-7　维生素C缺乏银大麻哈鱼脊柱弯曲　　　图5-8　维生素C缺乏虹鳟鳃盖发育不良
（上、下为病鱼，中为正常）　　　　　　　　　　　　　　　　　（仿　Poston）

（仿　Halver）

4. 维生素E缺乏症（Vitamin E deficiency）

病因　维生素E是一种脂溶性维生素，又称生育酚。溶于脂肪和乙醇等有机溶剂中，不溶于水，对酸稳定，对碱不稳定，对氧敏感，对热不敏感。饲料中维生素E添加量不足或缺乏，或饲料中抗营养因子不足、脂肪发生氧化或维生素E在加工和贮藏过程中破坏过多，使其不能满足鱼类对维生素E的正常需要。

症状　维生素E缺乏的斑点叉尾鲴出现瘦背症（图5-9）、体色变浅、脊椎弯曲（图5-10至图5-13）及以眼球突出（图5-14）、腹水生成为特征的渗出性素质样病变，鲤维生素E缺乏时除了出现以上症状外，也出现竖鳞（图5-15）。临床剖解可见有透明腹水，背部两侧肌肉萎缩变薄，内脏器官整体色泽暗淡、无光泽；肝脏肿大，颜色发白；脾脏、头肾、体肾肿大、充血、出血；心脏扩张，心外膜出血。组织学上表现为骨骼肌肌纤维变性、坏死，残存的肌纤维萎缩变细，肌纤维间隙增宽、水肿，间隙内大量炎症细胞浸润（图5-16）；心肌纤维变性、坏死；肝细胞变性、坏死，甚至溶解消失形成大小不一的坏死灶（图5-17）；胰腺细胞变性、坏死（图5-18）。

　　诊断　根据症状与病变，结合饲料中维生素E含量的测定即可确诊。

　　防治　维生素E缺乏症的防治方法主要有：

　　① 维生素E，每千克饲料25～50U，高密度养殖或发病季节应增大含量。

　　② 饲料中脂肪类型、脂肪含量，不饱和脂肪酸含量将对维生素E的需求量造成影响；当饲料中脂肪含量增加时，应相应加大维生素E添加量。

　　③ 在维生素E加工和储存过程中活性极易受损，添加适宜的稳定剂型，可维持维生素E的稳定，减少损失。

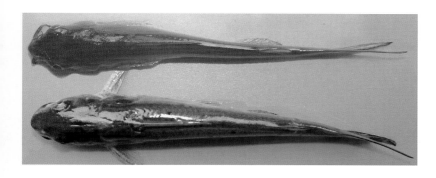

图5-9　维生素E缺乏的斑点叉尾鮰表现为瘦背病（上病鱼，下正常）

图5-10　维生素E缺乏的斑点叉尾鮰脊柱弯曲（上病鱼，下正常）

图5-11　维生素E缺乏的斑点叉尾鮰脊柱弯曲（X射线）（上病鱼，下正常）

图5-12　维生素E缺乏的斑点叉尾鮰尾部脊柱弯曲，呈S形（上正常，下病鱼）

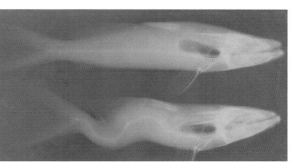

图5-13　维生素E缺乏的斑点叉尾鮰尾部脊柱弯曲，呈S形（X射线）（上正常，下病鱼）

图5-14 维生素E缺乏的斑点叉尾
鮰眼球突出，体壁肌肉
萎缩（上正常，下病鱼）

图5-15 维生素E缺乏的鲤出现
竖鳞

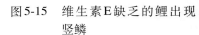

图5-16 维生素E缺乏的鲤骨
骼肌肌纤维变性、萎
缩（H.E×100）

图5-17 维生素E缺乏的斑点叉尾
鮰肝细胞空泡变性和脂肪
变性（H.E×400）

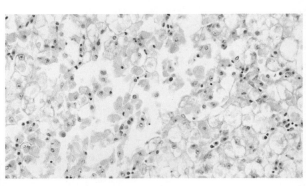

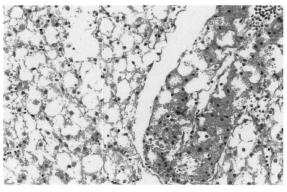

图5-18 维生素E缺乏的斑点
叉尾鮰胰腺细胞变性、
坏死（H.E×400）

二、硒缺乏症（Selenium defeciency）

病因　硒是一种微量元素。在动物体内，绝大部分硒以硒半胱氨酸和硒蛋氨酸两种形式存在于硒蛋白中，硒正是通过硒蛋白影响动物机体的自由基代谢、抗氧化功能、免疫功能、生殖功能、细胞凋亡和内分泌激素等而发挥其生物学作用。

若饲料中硒的添加量不足或长期暴露存放的饲料因硒氧化导致饲料中有效硒含量不足，长期投喂时，鱼会因硒的摄入量不足而造成组织器官的损伤，甚至发生死亡。

症状　患病鱼食欲减退，消瘦，背部两侧肌肉发生萎缩（图5-19、图5-20），鱼体畸形，尾部上翘，尾部脊柱向上弯曲（图5-21、图5-22）；鳃丝充血、水肿，且有大量黏液附着；体侧脊柱周围的红肌褪色，变苍白，呈白肌肉外观，与周围白肌肉界限不清（图5-23）；肝脏肿大、质脆，表面出现少量散在的白色坏死灶；胆囊肿大，胆汁充盈；肾脏肿大，部分可见充血、出血；脾脏充血、肿大，心脏也出现明显的扩张、肿大。组织病理上，患病鱼的骨骼肌肌间隙明显增宽，水肿，肌纤维发生萎缩、变性、坏死，肌浆溶解、消失（图5-24）；肝细胞与胰腺细胞肿胀、坏死（图5-25）；神经细胞发生变性、肿胀，胶质细胞增生（图5-26）。

诊断　根据症状与病变，结合饲料中微量元素硒的含量测定即可确诊。

防治　加强管理，在饲料添加足够量的微量元素以满足鱼类正常的需要。

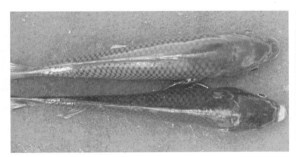

图5-19　硒缺乏的鲤（下）背部肌肉萎缩，变薄，似刀刃状，上为正常对照

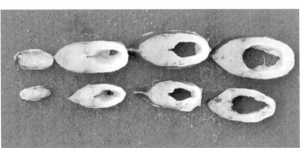

图5-20　硒缺乏的鲤（下）体横切面肌肉萎缩、变薄，上为正常对照

图5-21　硒缺乏的鲤（下）脊柱弯曲(如箭头所示)，上为正常对照

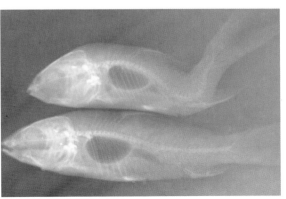

图5-22　X射线透射见硒缺乏的鲤脊柱弯曲，下为正常对照

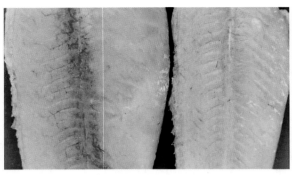

图5-23　硒缺乏的鲤体侧红肌肉褪色变白，与白肌肉分界不清，左为正常对照

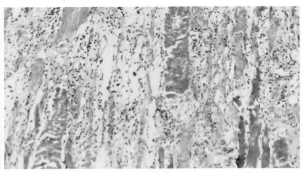

图5-24　硒缺乏的鲤肌纤维萎缩、变性、坏死，炎症细胞浸润（H.E×100）

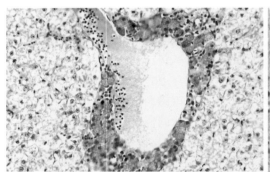

图5-25　硒缺乏的鲤肝细胞和胰腺细胞变性、坏死（H.E×400）

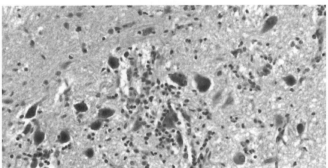

图5-26　硒缺乏的鲤脑神经细胞肿胀、变性，胶质细胞增生（H.E×400）

三、应激综合征（Stress syndrome）

病因　该病的病因很复杂，主要包括人为因素，如密养、捕捞、转移、运输、不良饲料等；环境因素，如不良水质、水温的突变、气候的突变、低气压等；生物性因素，如细菌、真菌和寄生虫感染等。

流行病学　鱼类应激综合征发病时无明显的季节性，一年四季均可发生，但发病的高峰期为7～10月。各种养殖品种的鱼均可发生，且从鱼种到成鱼阶段皆可发生，但一般以成鱼发病率较高。发病鱼普遍比不发病的长得快，即使在同一发病鱼池或网箱中，长得较快、体态肥大的鱼患病严重，而个体小的鱼患病轻，甚至不患病。该病多发生在主要靠投喂配合颗粒饲料的精养鱼塘或网箱中，且往往是投喂某些厂家饲料的发病，而投喂另外一些厂家饲料的鱼却不发病。

症状　发病前，鱼类无明显症状，活动正常，但当其受到应激因子如捕捞拉网、水质不良、水温突变、长途运输等刺激时，即可突然、快速地发生全身体表充血和出血而大批死亡（图5-27至图5-29）。病鱼体表无黏液或黏液分泌减少，手摸鱼体有粗糙感；肛门红肿，有的流出淡黄色黏液；肠道充血、出血严重；肝、脾淤血肿大；腹腔内有一定量的淡黄色液体。

诊断　根据流行病学和鱼的发病症状可以进行诊断。

防治　该病的防治方法主要有：

① 维生素C，一次量为每千克饲料1g，拌饲投喂，每天2～3次，连用5～7天。

图5-27　患应激综合征鲢下颌、鳃盖　　图5-28　患应激综合征鲢体表显著充血、出血
　　　　等明显出血

图5-29　患应激综合征鲢体表鳃盖、
　　　　下颌显著充血、出血

② 10%盐酸甜菜碱预混剂，一次量为每千克饲料5g，拌饲投喂，每天1次，连用2次。

③ 如果近期内要进行分箱、转池、捕捞运输等工作时应提前投喂一段时间的抗应激药物，如适当加大胆碱、泛酸、烟酸、延胡索酸琥珀酸钠、中药黄芪、刺五加等以增强鱼体的抗应激能力。

四、肝胆综合征（Liver and gall syndrome）

病因　从目前研究结果来看，病因还不完全清楚，主要认为是养殖密度过大，水体环境恶化，投饲过量，乱用药物，维生素缺乏，饲料酸败变质，以及营养成分的失衡和饲料中含有有毒物质等因素引起。

流行病学　肝胆综合征流行季节主要在6～10月份发生，已普遍流行于全国各地，尤其是鱼苗、鱼种和成鱼发病率高。危害的对象主要是鲤、鲫、草鱼、青鱼、斑点叉尾鮰、云斑鮰、乌鳢、虹鳟、裂腹鱼、团头鲂、青鱼、罗非鱼，也常见于鳖。死亡率一般为30%～50%，甚至可达60%以上。

症状　肝胆综合征以肝胆肿大、变色为典型症状（图5-30）。病鱼发病初期，肝脏略肿大，轻微贫血，色略淡（图5-31）；胆囊色较暗，略显绿色。随着病情发展，肝脏明显肿大，可比正常情况下大1倍以上，肝色泽逐渐变黄发白（图5-32、图5-33），或呈斑块状黄红白色相间，形成明显的"花肝"症状（图5-34）。胆囊明显肿大1～2倍，有时导致胆汁溢出肠道或胆囊破裂。胆汁颜色变深绿或墨绿色或变黄变白直到无色，重者胆囊充血发红，并使胆汁也成红色（图5-35）。组织学上，患肝胆综合征的鱼肝脏常发生脂肪变性或空泡变性（图5-36）。

诊断　解剖发现肝肿胀、质地变脆、轻触易碎；有点状或块状出血或淤血；胆囊肿大或萎缩；胆汁颜色深绿或墨绿等病变结合临床调查可进行诊断。

防治 该病的防治方法主要有：

① 含氯石灰（漂白粉）、或三氯异氰脲酸粉、或8%二氧化氯，一次量分别为每立方米水体1～1.5g、0.3～0.5g、0.1～0.3g，全池泼洒，每15天1次。

② 板蓝根，一次量为每千克饲料100g，每天1次，连用3天。

③ 维生素C、维生素E、胆碱、葡萄糖醛酸内脂、甘草粉和胆汁粉，一次量分别为每千克饲料4g、4g、7.5g、0.1g、2.5 g和0.15g，拌饲投喂，每天1次，连用7天。

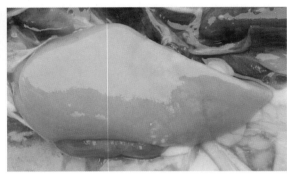

图5-30　肝脏明显肿大，色泽逐渐变淡黄

图5-31　患病鲈肝脏肿大，色变淡黄

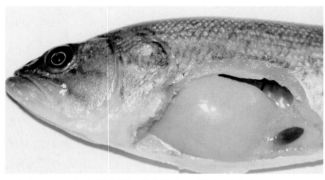

图5-32　患病鲈肝脏明显肿大，肝色泽发白

图5-33　患病草鱼，肝呈黄白色

（陈辉　赠）

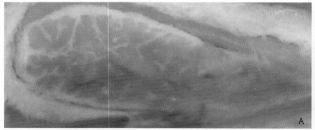

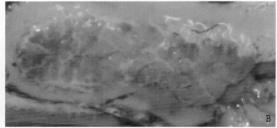

图5-34　患病草鱼肝脏形成明显的"花肝"状

A.斑块状黄白色相间；B.斑块状红白色相间

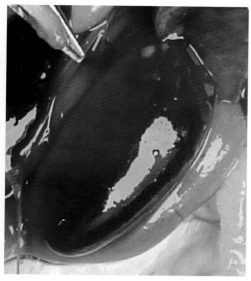

图5-35　患病鲤胆囊肿大、充血发红，充满
　　　　带血色的胆汁液

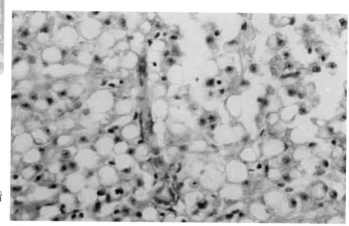

图5-36　患病鲤肝病时肝细胞脂
　　　　肪或空泡变性

五、药物中毒 (Drug poisoning)

药物中毒是水产养殖中的常见现象，是发生率较高的非生物性鱼病之一。在养殖管理过程中，往往由于选药不当、药物浓度使用过大或养殖水体估算不清导致的用药量过大、人为投毒等因素引起的养殖鱼类中毒死亡。如选用敌百虫治疗甲壳动物寄生虫病，有机磷类杀虫剂杀灭寄生在淡水白鲳体表和鳃上的寄生虫，随意增大药物用量等导致的鱼中毒死亡。中毒鱼在发病前1～2天之内有用药史，病鱼常表现为大规模的食欲严重下降或废绝，且伴随不同程度的死亡。严重的表现为极高的急性死亡，有的死亡率甚至可达100%。此种病害危害巨大，往往给养殖生产带来毁灭性的经济损失。水产上常见的药物中毒有喹乙醇中毒、硫酸铜中毒、百毒杀中毒、甲醛中毒等。

1. 喹乙醇中毒 (Poisoning by olaquindox)

病因　喹乙醇作为喹噁啉类抗菌药，对革兰氏阴性菌和部分革兰氏阳性菌均有较好的抑制作用。由于喹乙醇能抑制肠道内的有害菌，保护有益菌群，增加了动物对饲料的消化利用能力，促进蛋白质的同化作用，使更多的氮潴留，节约蛋白质，使细胞形成增加，从而具有促进生长发育的作用。喹乙醇作为一种抗菌促生长剂曾一度用于水产养殖，控制鱼类疾病，促进鱼虾生长，提高饲料转化率。但有的饲料厂和渔场不按规定大量使用喹乙醇，致使鱼虾发生大批中毒。

症状　鱼发病前无明显症状，活动正常，但当受到应激因子(如捕捞拉网、气候突变，水质恶化，长途运输等)刺激时突然快速地发生全身性体表出血而大批死亡。病情轻者表现为游动缓慢，侧游或飘游，体表黏液分泌减少，手摸鱼体有粗糙感；而病情严重者在捕捞时跳动剧烈，在几十秒到几分钟内鱼体腹部、头部、鳃盖、鳃丝和鳍条基部均显著充血发红（图5-37至图5-40），尤其鳃丝出血严重，大量的鲜血从鳃盖下涌出而染红水体，患病鲤有时可见肛门处排出乳白色半透明黏液便（图5-41）。有的会很快出血而死亡，中毒鱼特别不耐长途运输，大部分在运输过程中死亡，即使未死亡者，表现为呼吸垂危，全身变为桃红色，鱼体僵硬，最终死亡或失去商品价值。剖检可见病鱼心脏扩张，心包积有淡红色液体。脾脏肿大、淤血、出血、呈紫黑色；头肾淤血肿大，颜色加深，肝脏肿大，色黄，质地变脆，胆囊肿大，胆汁充盈；肠管明显扩张，肠壁变薄、充血、出血（图5-42、图5-43）。肾上腺细胞空泡变性（图5-44）；脾脏出血（图5-45）。肝细胞严重脂肪变性或水泡变性；心肌变性、出血（图5-46）。

图5-37　患病鱼全身和鳍条充血、发红

图5-38　喹乙醇中毒的鱼体表严重充血、出血

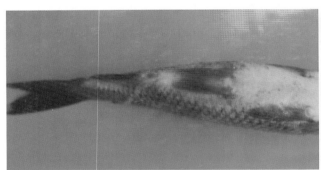

图5-39　患病鱼体表严重出血

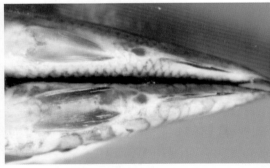

图5-40　患病鲤腹部充血、出血和肛门红肿

图5-41　患病鲤排出乳白色半透明黏液便

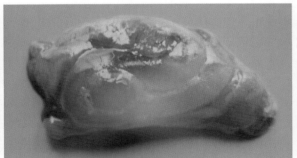

图5-42　患病鱼肠道扩张变薄，肠壁透明，肠腔内充满黏液

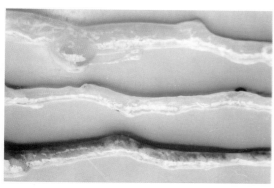

图5-43　病鱼肠道变薄，肠腔内充满黏液（下为对照）

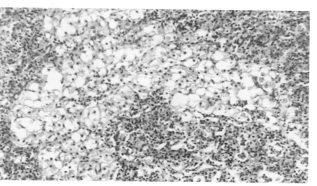

图5-44　患病鱼肾上腺空泡变性（H.E×400）

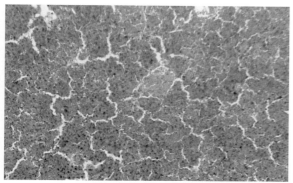

图5-45　患病鱼脾脏显著出血（H.E×200）

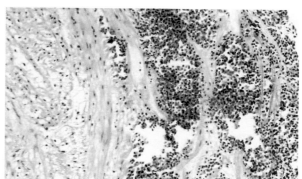

图5-46　患病鱼心肌出血（H.E×400）

诊断　根据病鱼表现出的应急性出血症的特殊症状，结合临床病理学调查和喹乙醇的用药史可以进行诊断。

防治　目前，对喹乙醇中毒尚无有效的解毒剂。平时应避免饲喂含喹乙醇的饲料，当发现鱼类已有中毒症状时，应立即停止投喂含有喹乙醇的饲料，同时保持环境的安静，避免惊动鱼群，并适当投喂抗菌药物，以防止致病菌的继发感染，并在饲料中加大鱼用多种维生素的用量，如可比正常情况下增加1～2倍的用量，对缓解该病有良好的作用。

2.硫酸铜中毒（Poisoning by copper sulfate）

病因　硫酸铜是我国水产养殖集约化发展以来使用历史最为悠久的药物之一，主要用于寄生在鱼体上的车轮虫、斜管虫等纤毛类寄生虫的杀灭和有害藻类的杀灭等。由于其杀虫效果明显，价廉物美，一直沿用至今。但硫酸铜对部分品种的养殖鱼类如斑点叉尾鮰等毒性很强，稍有不慎，即可引起中毒死亡。临床上也常常出现水体估算不准，计算错误等因素导致的硫酸铜中毒，给养殖品种特别是鱼苗和鱼种带来严重危害，造成巨大经济损失。

症状　中毒鱼体色发黑（图5-47），眼球凹陷，鳃丝肿胀，并附着淡蓝色絮状物（图5-48）。剖解可见肠道扩张，肠壁变薄（图5-49）；肝脏变为黑褐色（图5-50）；脑肿胀，软脑膜血管严重充血、出血（图5-51）。镜下可见鳃小片基部细胞极度增生使鳃丝呈棍棒状（图5-52），有的鳃小片顶端毛细血管严重充血、膨大呈囊状（图5-53）；肝肾实质细胞变性、坏死、溶解（图5-54）；肠黏膜上皮坏死、脱落。

诊断　该病的诊断主要以集中的、大面积的、且极高的死亡率为主要特征，死亡之前48小时内有使用硫酸铜的用药史，合并症状即可进行确诊。

防治 一旦出现硫酸铜中毒，应立即停止药物的使用，若有条件换水则要立即灌注新水。打开增氧机，减轻中毒鱼缺氧症状。可在水体中使用应激泼洒剂或络合剂，待鱼恢复食欲后，可在饲料中添加维生素C，一次量为每千克体重80～100mg。

图5-47 铜中毒鲤体色变黑（下），上为正常对照

图5-48 铜中毒鲤鳃上附着有淡蓝色的絮状物

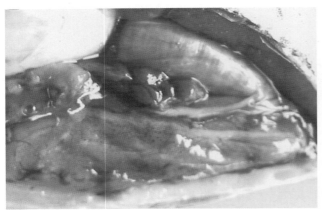

图5-49 铜中毒鲤肠道扩张，肠壁变薄

图5-50 铜中毒鲤内脏（肝）变为黑褐色，上为正常对照

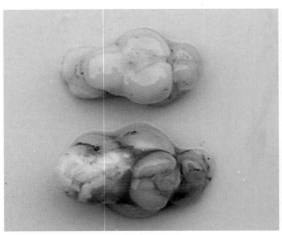

图5-51 铜中毒鲤（下）脑肿胀，脑膜血管充血、出血，上为正常对照

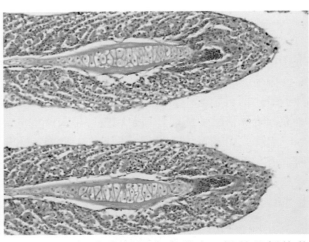

图5-52 铜中毒鲤鳃上皮增生，鳃丝呈棍棒状（H.E×200）

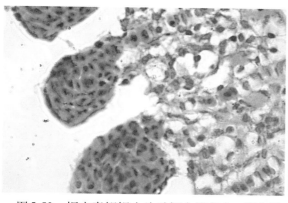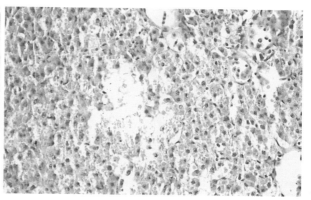

图5-53 铜中毒鲤鳃小片毛细血管充血、膨大呈囊状（H.E×400）   图5-54 铜中毒鲤肝脏溶解性坏死灶（H.E×400）

3. 百毒杀中毒 (Poisoning by baidusha)

病因 百毒杀是一种新型阳离子表面活性剂类消毒药，属双链季胺盐类化合物，化学成分为十烷基二甲基溴化铵，作为一种新型高效的消毒药，它具有用量少、成本低、杀灭病原微生物(细菌、病毒和真菌等)广谱快速的特点。目前，百毒杀已广泛用于养殖器具和水体消毒，并取得了良好的效果。但在水产养殖过程中，常出现因百毒杀过度使用而导致的鱼类中毒死亡。

症状 中毒初期鱼表现为烦躁不安，上下乱窜，甚至横冲直撞等兴奋症状，并逐渐地表现出缺氧症状，呼吸困难，呼吸频率加快，甚至浮头张口吞咽空气，随中毒时间的延长呼吸逐渐减慢，减弱，最后沉入水底窒息而死亡。主要病理变化在鳃，最初鱼体不安时可见鳃丝肿胀，有少量黏液分泌，随病情的发展，鳃丝黏液分泌增多把鳃丝粘在一起，鳃丝表面由于大量黏稠的黏液附着，使其发白（图5-55），表面如霜雪覆盖，严重者整个鳃片完全被黏液覆盖使气体交换受到严重障碍，从而造成鱼体的缺氧，发生浮头、窒息而死亡；肝、肾、脾有轻度的肿大，肠壁毛细血管扩张充血，肠黏膜发红肿胀，黏膜上附有较多的黏液样物质；其他组织无明显眼观病理变化。镜下可见鳃小片上皮细胞严重的变性、坏死、脱落和崩解，鳃小片正常结构破坏，失去气体交换能力（图5-56）；肾小球肿大，肾小管上皮变性、坏死，并在一些肾小管内出现红色团块样结晶（图5-57）。

诊断 若养殖鱼突然出现大规模不食或死亡，在发病48小时内有百毒杀用药史，合并根据症状表现即可确诊。

防治 对该病的预防应重点做到严格生产管理，不要随意加大药物剂量，若一旦发生百毒杀中毒，应立即灌注新水，降低药物含量，并打开增氧机，增加水体溶氧，还可在水中泼洒一些药物络合剂和吸附剂，对病情的缓解均可起到较好的作用。

图5-55 中毒鱼的鳃浓稠的白色黏液覆盖

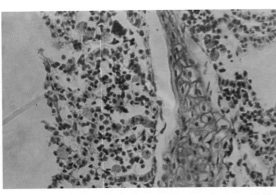 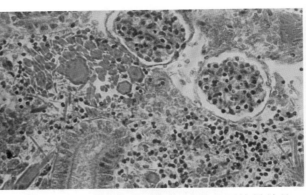

图 5-56 中毒鱼鳃小片严重变性、坏死，结构 破坏（H.E×400）

图 5-57 中毒鱼肾小管内出现红色团块样结晶 （H.E×400）

4. 甲砜霉素中毒 (Poisoning by thicymetin)

病因 甲砜霉素是氯霉素类的第二代广谱抗菌药，又名硫霉素，其抗菌作用与抗菌机理与氯霉素基本相似，对链球菌属、双球菌属、棒状杆菌属的细菌以及鱼类的大多数病原菌如鳗弧菌、嗜水气单胞菌、点状气单胞菌、灭鲑气单胞菌、水肿气单胞菌和荧光假单胞菌等具有良好的杀灭作用。如果给鱼类长期投喂添加过量甲砜霉素的饲料，或是在病害防治过程中长期过量的使用甲砜霉素，就可能导致鱼类发生甲砜霉素中毒。

症状 鲤甲砜霉素中毒时，临床上出现不同程度的食欲下降、消瘦、活动性降低，病情严重时，中毒鱼可出现神经症状。剖解症状上，中毒鲤鳃丝肿胀，充血发红；肝脏体积肿大，质地变脆，色泽变淡，部分区域为淡绿色（图 5-58），胆囊极度扩张、充盈（图 5-59）；肠道轻度扩张，有少量透明的液体蓄积；脾脏淤血，质地变脆；肾脏略微肿大，色泽变成淡黄色或者成斑驳状；组织病理上，中毒鲤肝细胞发生凝固性坏死，其中有多量的淋巴细胞、单核细胞浸润；胰腺腺泡肿胀变性、溶解、消失，形成多个溶解性坏死灶（图 5-60）；肾小管上皮细胞肿胀，发生颗粒变性，部分肾小球增大（图 5-61）；脾脏内网状内皮细胞和造血干细胞数量增加，出现大量衰老的和未成熟的红细胞（图 5-62）。

诊断 该病的诊断可根据平时的用药情况和中毒鱼的症状进行初诊；若要确诊，则需对中毒鱼进行甲砜霉素残留量检测或是对饲料中甲砜霉素添加量进行检测。

防治 一旦发现鱼类出现类似甲砜霉素中毒的症状时，应立即停止使用药物。若条件允许，可立即更换优质水源，加强增氧。

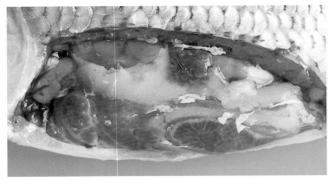 

图 5-58 中毒鱼肝脏肿大，呈灰褐色花斑状；肾脏肿大，颜色变淡

图 5-59 中毒鱼胆囊极度扩张，胆汁充盈、变深蓝色

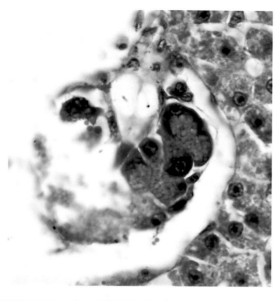

图5-60　中毒鱼胰腺泡细胞变性、坏
　　　　死，溶解消失（H.E×1 000）

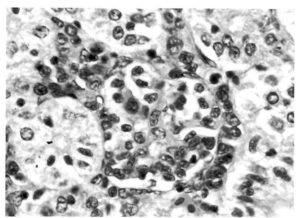

图5-61　中毒鱼肾小管上皮细胞坏死、溶解；肾
　　　　小球肿大增生（H.E×1 000）

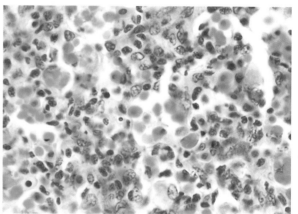

图5-62　中毒鱼脾脏中出现大量衰老的和未成熟
　　　　的红细胞（H.E×1 000）

六、弯体病（Anterior pubicsymhysis）

病因　在养殖过程中，除了饲料中维生素含量不足或缺乏的因素以外，其他因素如由于池水中含有重金属盐类，刺激鱼的神经和肌肉收缩，或饲料中钙等重要营养物质缺乏，亦或鱼在胚胎发育时受外界环境影响或鱼苗阶段受机械损伤等，都会影响到鱼的正常生长发育，从而导致鱼体发生弯体畸形。

症状　患病鱼身体变曲，呈S形（图5-63至图5-65），有时身体弯曲成2～3个屈曲，有时只是尾部弯曲。病鱼发育缓慢、消瘦，严重时引起死亡。

诊断　确定是否有复口吸虫及黏孢子虫寄生眼球及脑部。如排除以上两个因子再分析鱼池水质情况及饲料情况可以确诊。

防治　该病的防治方法主要有：

① 新开鱼塘，最好先养1～2年成鱼，以后再放养鱼苗或鱼种，因为成鱼一般不患该病。

② 发病的鱼塘要经常换水，改良水质，同时要投喂营养丰富的饲料。

图5-63　患病大口鲇脊柱出现S形弯曲，体　　　图5-64　患病鲂脊柱弯曲
　　　　　色变黑

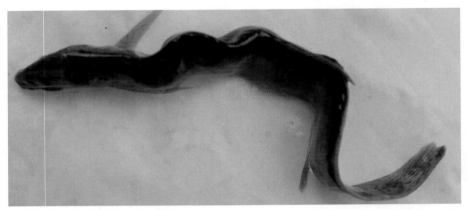

图5-65　患病泥鳅脊柱弯曲　　　　　　　　　　　　　　　（陈辉　赠）

第六章

其他水产养殖动物疾病

一、大鲵嗜水气单胞菌病（*Aeromonas hydrophila* disease of Giant salamander）

近年来，四川北川、四川广安、陕西等地人工养殖的大鲵相继出现一种症状相似的疾病，主要表现为四肢肿胀、腐烂，体表多处溃疡以及多个内脏器官出现充血、出血现象。

病因　从患病大鲵分离出的病原经鉴定为嗜水气单胞菌（图6-1），故在此暂称该病为嗜水气单胞菌病。

症状　患病大鲵的头部、下颌、腹部出现轻微充血以及四肢肿胀（图6-2至图6-5），尾部两侧皮肤表面可发现多处出血点。严重充血。四肢皮肤出现不同程度的坏死、腐烂（图6-6至图6-8）。大鲵的前肢或后肢的趾、蹼腐烂，局部腐烂部位形成面积较大的溃疡灶。剖解可见患病大鲵的肝脏肿大、质脆、充血、出血（图6-9）；胆囊充盈，胆囊壁变薄，胆汁颜色变浅；胰脏轻微肿大、充血；肺部严重充血，眼观呈紫红色，肺泡表面附着较多含血样黏液（图6-10）；食管内壁轻微充血，胃壁表面毛细血管充血，胃壁明显增厚，黏膜充血、肿胀、有出血点，黏膜表面附着较多的带血黏液；肠道充血，肠腔内充满稠性的黄红色黏液；肾脏轻微肿大、充血。心脏色泽变淡。少数解剖病例大鲵出现腹水现象。病理组织学上，肝细胞严重肿大、变性、坏死、溶解（图6-11）；肺出血，肺泡内充满大量红细胞（图6-12）。

诊断　根据病变和症状可进行初诊，确诊需对病原菌进行分离、鉴定。

防治　预防：该病的预防重在科学饲喂和管理。若以鲜活野杂鱼饲喂，需要保证饵料鱼的健康，无嗜水气单胞菌感染。饵料在饲喂前应用10mg/L的聚维酮碘溶液（含有效碘1%）消毒处理，用清洁水冲洗后再饲喂大鲵。在疾病流行季节也可用聚维酮碘溶液（含有效碘1%），一次量为每立方米水体1～2g，全池泼洒，进行水体和鱼体消毒。治疗：在疾病暴发后除用聚维酮碘溶液消毒外，还可以5%葡萄糖溶液将ATP稀释至3～5倍，环丙沙星按每千克体重25mg的剂量，腹腔注射，每次注射液体总量为5～10mL，5～7天为1个疗程。

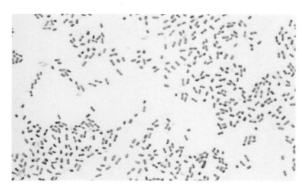

图6-1　从患病大鲵分离到的嗜水气单胞菌

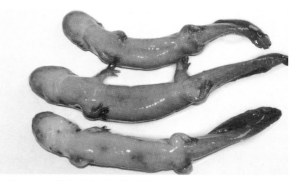

图6-2　患病大鲵体表局部充血、出血

图6-3　患病大鲵四肢肿胀，前肢溃烂

图6-4　患病大鲵头部充血、点状出血

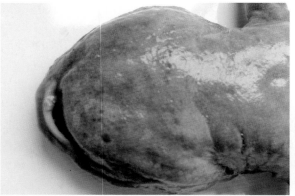

图6-5　患病大鲵下颌充血

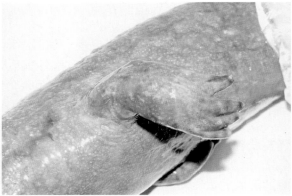

图6-6　患病大鲵的前肢肿胀、充血、出血

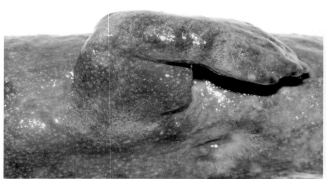

图6-7　患病大鲵的后肢肿胀、充血、出血

图6-8　患病大鲵的后肢皮肤坏死、肌肉肿胀

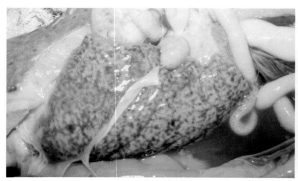

图6-9　患病大鲵肝脏充血、出血

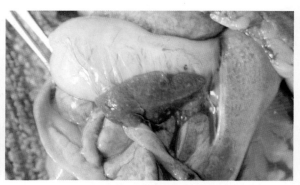

图6-10　患病大鲵肺表面附着较多含血黏液

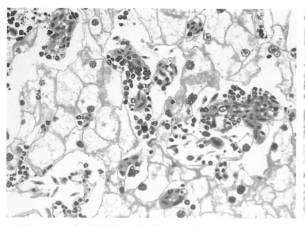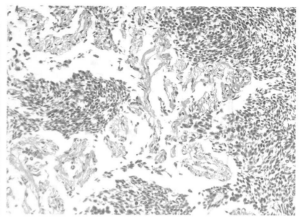

图6-11　患病大鲵肝细胞严重肿大、变性、坏死、　　图6-12　患病大鲵肺出血（H.E ×100）
　　　　溶解（H.E ×200）

二、蛙红腿病 (Red-Limb disease of Frog)

病原　该病是由嗜水气单胞菌及乙酸钙不动杆菌引起的一种严重危害蛙类养殖的疾病。不动杆菌为革兰氏阴性短杆菌，大小为（0.5 ~ 0.8）μm×（0.8 ~ 1.77）μm，多单个存在，无鞭毛，不运动，无荚膜和芽孢，平板培养24小时后菌落呈圆形、边缘整齐、表面光滑、乳白色、半透明，直径为0.9 ~ 1.6μm。棘胸蛙、美国青蛙、牛蛙、林蛙等的幼蛙和成蛙都可感染发病。一年四季均可发生，但主要流行季节为3 ~ 11月，5 ~ 9月是发病高峰。流行水温10 ~ 30℃，20 ~ 30℃发病更为普遍和严重。发病率一般为20% ~ 80%，死亡率为80%左右。外伤、水质恶化、密度过大、饲料单一和温差过大等是该病发生的重要诱因。

症状　病蛙精神不佳，跳跃无力，食欲丧失，腹部膨胀。四肢腹面明显充血、出血、发红（图6-13、图6-14），部分蛙腹部和下颌也明显充血、出血，临死前呕吐，拉血便。剖解可见腹腔内充有大量淡黄色或微红色腹水，肝、肾、脾肿大，呈黑紫色或有出血斑。

诊断　根据症状、病变与流行病学，特别是四肢的显著充血、出血，发红可初步诊断。对病原进行分离、鉴定可确诊。

防治　对于该病的防治，应坚持防重于治的原则。预防：加强养殖生产中的饲养管理，注意疾病季节的预防工作，可在饲料中添加大蒜素或免疫多糖以增强对疾病的抵抗能力。治疗：

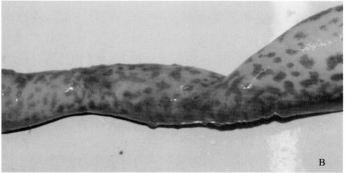

图6-13　患病成蛙腿部肿胀、充血、出血、发红
A.患病蛙整体图；B.患病蛙腿部局部放大图

图6-14　患病幼蛙腿部充血、出血、发红

疾病暴发后可用30％三氯异氰脲酸或生石灰，一次量为每立方米水体0.5g或30g，全池泼洒，隔天1次，可连续消毒2～3次。同时内服敏感抗生素，如甲砜霉素，拌饲投喂，一次量为每千克鱼体重50mg，每天2～3次，连用7天；或诺氟沙星，拌饲投喂，一次量为每千克鱼体重30mg，每天2～3次，连用5天。

三、蛙腐皮病（Skin-Rot disease of Frog）

病原　该病的病原尚未明确，可能是某种病毒感染所致。该病在各种不同规格的蛙都可发生，而以幼蛙和成蛙的发病率较高。主要流行于夏、秋两季，以8～10月为甚。该病具有发病快、病期长等特点，死亡率为30％～70％，幼蛙可高达90％以上。且常与红腿病并发。外伤、营养不良和水质恶化是该病发生重要的诱因。

症状　发病初期，蛙头、背、四肢失去光泽，继而表皮局部开始腐烂、脱落，露出红色肌肉和骨骼（图6-15）。严重时，背部皮肤腐烂，面积占体背部的一半，并出现肌肉腐烂。剖解见肠壁薄而透明，肝、肾、脾肿大（图6-16）。病蛙通常食欲不振，群集于一起，蜷缩不动，不肯下水。

诊断　根据症状及流行情况，特别是头背部皮肤腐烂脱落，呈现白斑状，可做出初步诊断。只有对病原进行分离、鉴定方可确诊。

防治　预防：在疾病流行季节用30％三氯异氰脲酸，一次量为每立方米水体0.3～0.5 g，全池泼洒，疾病流行季节，每10～15天1次。内服大蒜素，每千克鱼体重80～100mg，每天1次，连用10天。治疗：疾病暴发后坚持内服加外用的原则，可用聚维酮碘溶液（含有效碘1％），一次量为每立方米水体1～2g，全池泼洒，进行水体和鱼体消毒。同时内服四环素或氟苯尼考，一次量分别为每千克鱼体重40～80mg、10～20mg，每天2～3次，连用5～7天。

四、鳖红脖子病（Red-Neck disease of *Trionyx sinensis*）

该病是一种严重危害鳖养殖的接触性传染病。

病原　该病主要是由嗜水气单胞菌引起的，但也有人认为甲鱼虹彩病病毒也是该病的病原之一。

图6-15　患病蛙头部与背部皮肤腐烂　　　　图6-16　患病蛙肝、脾肿大、出血

对各种规格的鳖都有危害，尤其对成鳖危害最严重。流行季节为4～8月，温室养殖一年四季均可发生。发病率高，死亡率可达20%～30%，严重者可高达60%～80%。水质不良，有机质含量高的鳖池易发生该病。

症状　病鳖颈部充血红肿（图6-17），食欲减退，反应迟钝，腹甲严重充血（图6-18），甚至出血、溃疡，眼睛白浊，严重时失明，口腔、舌尖和鼻孔充血，甚至出血。剖解见肠道内无食物；肝脏肿大（图6-19），有针尖大小的坏死灶；消化道（口腔、食管、胃、肠）黏膜呈明显的点状、斑块状或弥散性出血（图6-20、图6-21）；卵巢严重充血、出血（图6-22）；肺出血，脾肿大，心脏苍白，严重贫血。镜下可见肌肉组织坏死（图6-23），肝窦淤血，肝细胞变性、坏死（图6-24、图6-25）；脾窦严重充血，大量嗜酸性粒细胞浸润；肾小管上皮细胞肿胀，颗粒变性。

诊断　根据症状、病理变化及流行情况，特别是脖颈肿胀、充血、出血可初步判断。只有对病原进行分离、鉴定方可确诊。

防治　预防：加强管理工作，提高鳖体抵抗力。可在饲料中添加大蒜素或黄芪多糖，一次量分别为每千克鱼体重50～80mg、80～100mg，每天2～3次，连用10～15天。疾病流行季节可用含氯石灰（漂白粉）或强氯精，一次量分别为每立方米水体2g、0.5 g，疾病流行季节定期全池泼洒。治疗：疾病发生后可内服敏感抗生素，如庆大霉素或卡那霉素，一次量均为每千克鱼体重15万～20万U，拌饲投喂，每天2～3次，连用3～6天；或先锋霉素、维生素C和维生素E，一次量为每千克鱼体重75mg、12mg和5mg，混匀后拌饲投喂，每3天1次，连用2次。

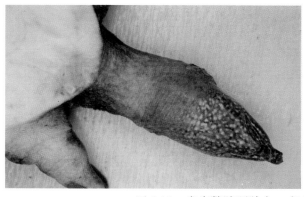

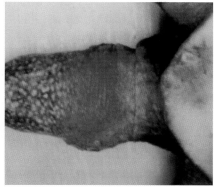

图6-17　患病鳖脖颈肿大、充血、出血、发红

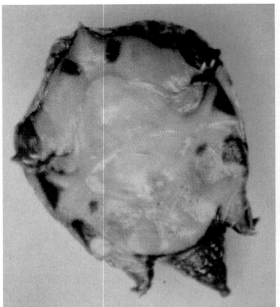

图6-18　患病鳖腹部充血、出血

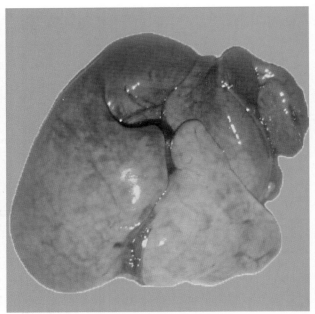

图6-19　患病鳖肝肿大，呈土黄色，并有出血

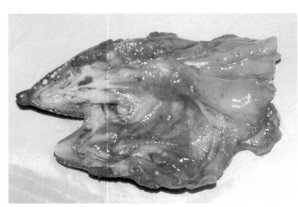

图6-20　患病鳖口腔黏膜严重充血、出血

图6-21　患病鳖肠充血、出血

图6-22　患病鳖卵泡充血、出血

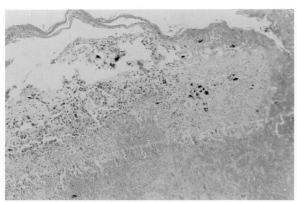

图6-23　患病鳖颈部肌肉组织坏死

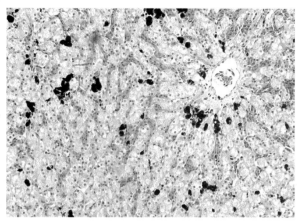

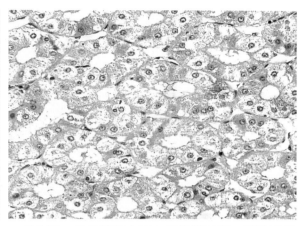

图6-24 患病鳖肝窦淤血，肝细胞肿胀，颗粒与
空泡变性（H.E×200）

图6-25 患病鳖肾小管上皮细胞肿胀，颗粒变性
（H.E×400）

五、鳖鳃腺炎 (Parotitis of *Thionyx sinensis*)

病原 该病是由中华鳖球状病毒（TSSV）或中华鳖病毒(TTSV)感染引起的一种严重危害鳖养殖的病毒性传染病。该病对所有品种的鳖都有危害，尤以稚鳖和幼鳖的危害大，且发病率、死亡率高。该病常年均可发生，但主要流行季节在5～10月，水温在25～30℃时为流行高峰期。

症状 病鳖全身浮肿，颈部异常肿大，但很少有充血、出血发红；背腹甲有出血斑点，尤以腹甲更为明显（图6-26）。口、鼻流血（图6-27）。因水肿导致运动迟缓，不愿入水，不食不动，最后伸颈死亡。剖解见鳃腺充血、糜烂，胃和肠道内有大块暗红色凝固的血块。腹腔内积有大量含血腹水，肝、脾、肾肿大、出血（图6-28）。

诊断 初诊时，可根据鳖龄、症状、流行情况及病理变化，进行判断。一般稚幼鳖脖颈肿胀、全身浮肿、鳃腺充血糜烂可诊断为该病。只有对病原进行分离、鉴定方可确诊。

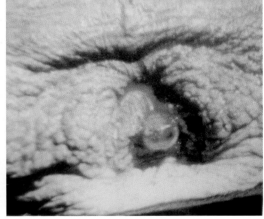

图6-26 患病鳖四肢浮肿，腹甲出血
（仿 王伟俊）

图6-27 患病鳖口、鼻流血
（仿 王伟俊）

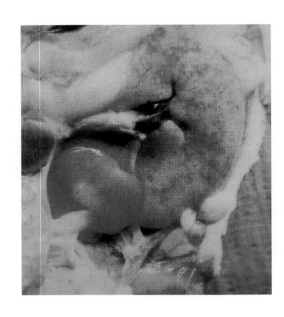

图6-28　患病鳖肝肿大、出血

（仿　王伟俊）

　　防治　预防：含氯石灰（漂白粉）或8%二氧化氯，一次量分别为每立方米水体4g、0.5g，全池泼洒，每2～3天1次，连用1～2次。地榆炭、焦山楂、乌梅、黄连、板蓝根，一次量分别为每千克鱼体重60g、30g、3粒、6g、50g，用水煎汁后，拌饲投喂，每天2～3次，连用10天。治疗：庆大霉素，每千克鱼体重50～80mg，每天1次，连用5～7天；10%聚维酮碘溶液，每立方米水体1mL，全池泼洒，配合庆大霉素，一次量为每千克鱼体重50～80mg，或板蓝根每千克鱼体重一次量为15mg，每天1次，连用5～7天或10天；盐酸黄连素、先锋霉素、黄芪多糖，一次量分别为每千克鱼体重0.03g、0.06g、0.05g，每天2～3次，连续投喂5～7天。

六、鳖腐皮病（Skin-Rot disease of *Trionyx sinensis*）

　　病原　该病是由嗜水气单胞菌、温和气单胞菌和无色杆菌等多种细菌感染引起的一种以背腹甲鱼皮肤腐烂为特征的流行性疾病。该病主要危害高密度囤养育肥的0.2～1.0kg的鳖，尤其是0.45kg左右者最为严重。具有发病率高、持续期长、危害较严重等特点，其死亡率为20%～30%。流行季节为5～9月，7～8月是发病高峰季节；温室中全年均可发生。该病的发生与水温和受伤有较密切的关系，且常与疖疮病、红脖子病等并发。

　　症状　病鳖精神不振，反应迟钝，背甲粗糙或呈斑块状溃烂（图6-29），皮层大片脱落；颈部、背甲、裙边、四肢以及尾部等糜烂或溃烂。颈部皮肤溃烂剥离，肌肉裸露（图6-30）；四肢、脚趾、尾部肛门等溃烂（图6-31），脚爪脱落；腹部溃烂，裙边缺损，有的形成结痂。

　　诊断　根据外部溃烂等症状即可初步判断，确诊需进行病原分离与鉴定。

　　防治　预防：苗种下塘前用高锰酸钾或10%聚维酮碘溶液，一次量分别为每立方米水体20g、10L，入池前浸浴30分钟。在疾病暴发季节用含氯石灰（漂白粉）或强氯精，一次量为每立方米水体2～3g或0.8g，疾病流行季节全池泼洒，15天1次；金银花、甘草、黄芪、穿山甲和当归，一次量为每100kg饲料中分别加入60g、10g、60g、5g和15g，煎汁拌饲投喂，每天1次，连用6天。治疗：10%聚维酮碘溶液，一次量为每立方米水体1mL，全池泼洒，每天1次，连用2次；金霉素，一次量为每千克鱼体重20万U，肌内注射1次；土霉素钙盐或复方新诺明，一次量为每千克鱼体重均为50mg，拌饲投喂，每天1次，连用6天。

图6-29　患病鳖背甲腐烂

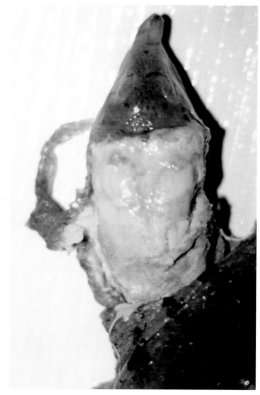

图6-30　患病鳖颈部皮肤溃烂

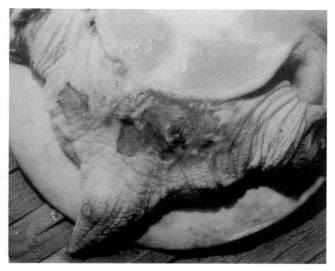

图6-31　患病鳖肛门周围、尾部
　　　　皮肤溃烂

（仿　王伟俊）

七、鳖疖疮病 (Furunculosis disease of *Trionyx sinensis*)

　　病原　该病是由嗜水气单胞菌、温和气单胞菌、普通变形杆菌和产碱杆菌等感染引起的一种常见疾病。该病对各生长阶段的鳖都可感染，尤其对稚幼鳖的危害较大，体重20克以下的稚鳖发病率为10%～50%。流行季节为5～9月，发病高峰为5～7月；若气温较高，10月份也会继续流行。在连续阴雨闷湿天气，密度过大、水质不良、且晒背条件较差的情况下容易流行。

147

症状 病鳖不安，食欲减退或不摄食，体质消瘦，常静卧食台，头不能缩回，眼不能睁开。颈部、背腹甲、裙边、四肢基部长有一个或数个黄豆大小的白色疖疮，以后疖疮逐渐增大，向外突出，最后表皮破裂，用手挤压四周可压出黄白色颗粒状或豆腐渣状、有腥臭味的内容物，内容物散落后，形成明显的溃疡（图6-32至图6-34）。剖解见肺充血，肝肿大，呈暗黑色或深褐色，质脆，脾淤血，肾充血或出血，体腔中有较多腹水。

图6-32 患病鳖背甲疖疮破溃，留下洞穴

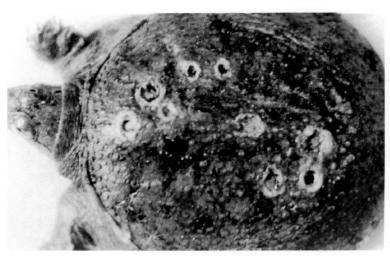

图6-33 患病鳖背甲上大量疖疮破溃，留下洞穴

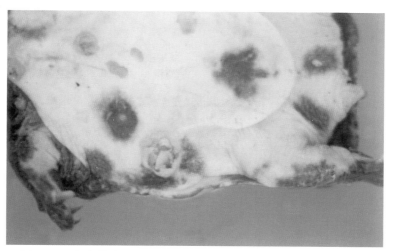

图6-34　患病鳖腹甲上出现疖疮

　　诊断　根据病鳖体表疖疮病灶，可进行初步诊断。将濒死鳖的肝、肾、血液、腹水或未破溃疖疮的黄白色粉状物等涂片、固定、革兰氏染色，若发现较多的大小相似、两端着红色的短杆菌，可初诊。确诊需对病原进行鉴定。

　　防治　预防：加强饲养管理，疾病流行季节用盐酸四环素或土霉素钙盐，一次量均为每千克鱼体重20～30mg，拌饲投喂，每天2～3次，每月使用3～5天。治疗：庆大霉素，一次量为每千克鱼体重10万U，腹腔注射，每天1次，轻者1天，严重者连用2～3天；10%聚维酮碘溶液，一次量为每立方米水体1mL，全池泼洒，每天1次，连用2～3次。

𝒟 第七章

鱼类疾病诊断实用技术

　　根据全国水产技术推广总站近年来的病害监测报告表明，危害我国水产动物的病害因素呈现多元化特点，这在一定程度上给基层鱼病诊断带来了新的挑战。在病害暴发流行的早期，养殖者或水产从业人员如果能够利用多种具有操作简单、针对性较强的方法对病害进行分析和诊断，从而因地制宜地采取各种有效防治措施，就可以最大限度地降低病害发生造成的经济损失。为了给养殖者或水产从业人员在水产动物病害诊断技术上提供实用性强的方法参考，我们将多年积累的水产动物病害诊断实用技术进行总结，在附图片的同时也辅以简练文字，进行扼要的介绍。

一、采血技术 (Blood collection method)

（1）器械准备　无菌注射器、玻片、碘酒棉球、灭菌干棉球、血液采集管等。

（2）操作

①消毒：在采血之前，应先用碘酒棉球对采血部位体表进行涂搽，再用灭菌干棉球擦干涂搽部位，待擦干后方可采血；

②尾静脉采血：采用一次性无菌注射器，从鱼臀鳍附近45°进针至鱼脊柱骨，退针2～3mm；

③心脏采血：采用一次性无菌注射器，在心脏处垂直进针。

图7-1　鲫尾静脉采血

A.尾静脉采血；B.尾静脉采血解剖部位图（尾静脉如箭头所示）

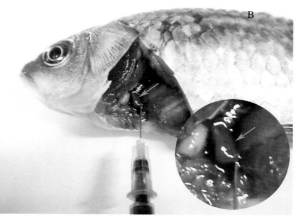

图7-2　鲫心脏采血
A.心脏采血；B.心脏采血解剖部位图（心脏如箭头所示）

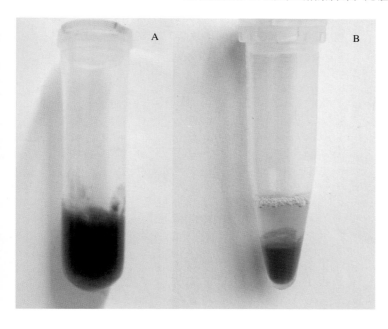

图7-3　全血和血清制备
A.添加抗凝剂制备的全血；
B.血液放置过夜析出的血清（上清液为血清）

　　（3）全血和血清制备　　收集血液时要根据其用途考虑是否添加抗凝剂：用于血细胞观察，添加抗凝剂；用于制备血清，则无需添加抗凝剂。

二、剖解技术（Necropsy method）

　　（1）器械准备　　手术刀、镊子、剪刀等。
　　（2）操作
①将所需要用到的器械包扎好后高压灭菌备用；
②观察记录体表情况；
③用75%酒精棉球涂搽体表进行消毒；
④剪开鳃盖，查看鳃丝；
⑤剖开鱼体，暴露内脏器官。

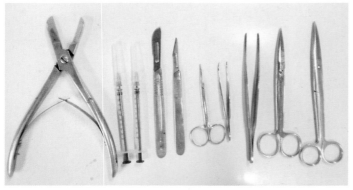

A

• 剖解前需要准备好骨剪、手术刀、眼科剪、眼科镊、手术镊、手术剪，将以上这些器械包扎后灭菌消毒；

• 注射器可用一次性的商品无菌注射器；

• 从左到右依次为骨剪、注射器（2支）、手术刀（2把）、眼科剪、眼科镊、手术镊、手术剪（2把）。

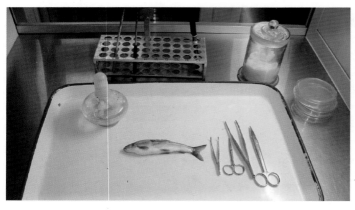

B

• 将患病鱼置于超净工作台上；

• 将灭菌器械取出摆放在无菌剖解盘上；

• 观察患病鱼眼观症状；

• 用酒精棉球进行体表消毒。

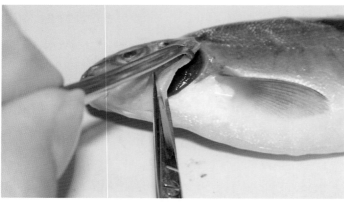

C

• 用镊子固定鳃盖边缘，用剪刀沿鳃盖底部剪开；

• 待鳃部完全暴露后，观察鳃丝症状；

• 在载玻片上滴加一滴生理盐水；

• 取适量鳃组织置于生理盐水滴上；

• 加上盖玻片；

• 显微镜下观察。

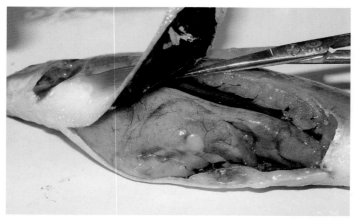

D

• 在鱼的肛门前端沿腹中线剪起至围心腔前端止；

• 在起剪点沿肛门斜向上至侧线，再沿侧线下方剪至胸鳍基部，再斜向下剪至前一步骤的终点；

• 观察鱼内脏病变情况。

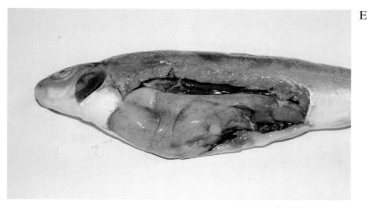

E
•剖解完成。

图7-4　鱼体剖解过程

三、组织病理学技术（Histopathologic method）

（1）**器械准备**　标本瓶、蜡块、手术刀片、酒精灯、眼科镊、铅笔、载玻片等。

（2）**操作**

①固定和清洗样品；

②脱水和透明；

③包埋；

④切片；

⑤展片和捞片；

⑥脱蜡；

⑦染色；

⑧脱水；

⑨封片。

图7-5　样品固定和清洗

A.将取得组织放入10%福尔马林中固定；B.将固定的组织修块后放入自来水中清洗

图7-6 脱水（A-E）和透明（F-G）

A.75%（6～12小时）；B.85%（6～12小时）；C.95%酒精Ⅰ（过夜）；D.无水酒精Ⅰ（1～2小时）；E.无水酒精Ⅱ（1～2小时）；F.甲苯Ⅰ（1～2小时）；G.甲苯Ⅱ（1～2小时）

图7-7 包 埋

A.把修好的组织块放入液体石蜡中包埋；B.包埋完成的组织块；C.修整包埋蜡块；

D.包埋蜡块切片前准备

图7-8 切 片

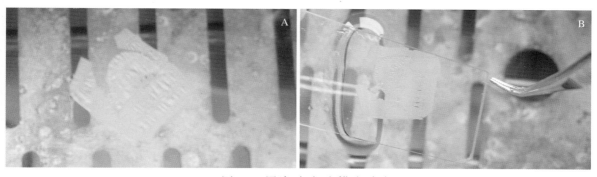

图7-9　展片（A）和捞片（B）

图7-10　脱　蜡

A.二甲苯Ⅰ（5分钟）；B.二甲苯Ⅱ（5分钟）C.100%（2分钟）；D.95%（1～2分钟）；

E.80%（1分钟）；F.75%酒精Ⅰ（1分钟）；G.蒸馏水清洗5～8次

图7-11　染　色

A.苏木紫（10～15分钟）；B.水洗（数次）C.盐酸酒精分化（数秒）；D.水洗（5次）；

E.伊红（10分钟）；F.水洗（数次）

图7-12　脱水（A-F）和透明（G-H）

A.75%酒精（1分钟）；B.85%酒精（1分钟）；C.95%酒精Ⅰ（1分钟）；

D.95%酒精Ⅱ（2～5分钟）；E.无水酒精Ⅰ（5分钟）；F.无水酒精Ⅱ（5分钟）；

G.二甲苯Ⅰ（5～15分钟）；H.二甲苯Ⅱ（5～15分钟）

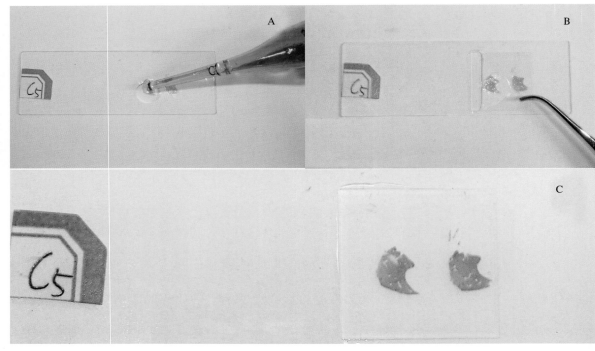

图7-13　封　片

A.在载玻片上加一滴中性树胶；B.覆盖一片清洁的盖玻片；C.完成封片

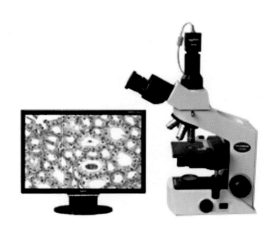

图7-14　组织切片观察的显微成
　　　　像系统

（3）诊断　将制作好的组织切片载入显微成像系统，然后根据需要在成像视野中进行组织病理分析。

四、标本的收集技术（Specimen collection method）

（1）器械准备　盖玻片、载玻片、眼科镊、擦镜纸、计时器、标本盒。

（2）盖片涂抹法

① 准备：取洁净盖玻片，用左手的拇指和食指轻轻握着盖玻片的边缘，右手持尖细的眼科镊子；

② 涂片：取少许含有寄生虫的刮取物，将镊子弯曲部分与盖玻片约成45°角相接触，从盖玻片的前边开始作"之"字形向盖玻片的后边涂抹（动作要迅速，不要重复）；

③ 固定：将涂片完成的盖玻片反转，放入预先准备好的固定液中，使盖玻片浮在液面，再用另外一把镊子，把浮在液面的盖玻片反转过来，在固定液里约经15～20分钟；

④ 保存：把片子逐片移置到50%的酒精里，再经1.5～2小时，然后移置70%的酒精中保存（如果不立即染色，就应把它逐片放入另一保存器中）。血液涂片，除了可同样用盖片涂抹法外，一般采用载片涂抹成薄的或厚的血涂片。

（3）血液载片涂抹法

① 准备：取载玻片一张，洗涤清洁后用擦镜纸擦干；

② 涂片：用微吸管吸取一小滴血液，置于载玻片3/4的位置上，另外一块载玻片，用右手握着，与放有血滴的玻片的血液前面接触，约成30°角倾斜，然后将血滴向前轻轻推移；

③ 干燥：将玻片中涂有血液的一面向下，稍微倾斜放置，在空气中干燥；

④ 保存：将涂片放在标本盒里，在需要染色观察时取出。

收集细小的寄生物，如原生动物等标本，最好能将在同一条鱼上发现的一种寄生虫，同时用3种不同的方法（即涂片、4%福尔马林溶液保存、固定切片用的器官或组织），收集3套标本。

五、眼观比较诊断法（Visual inspection diagnosis）

简易眼观比较诊断法是一种简单而易推广的技术。这种诊断法不需要高端仪器就可以实现对常规水产动物疾病进行诊断。但这种技术仅局限于对常见的、具有特征性症状的水产动物疾病的判断。

1. 根据体表症状的诊断法

（1）鳍条　检查其完整性，有无充出血。

（2）体表　检查其完整性，色泽及黏液是否异常、有无充血、出血、溃疡或肉芽肿。

（3）口腔　检查其有无充血、出血及皮肤完整性。

（4）肌肉　撕开表皮，检查肌肉有无充血、出血。

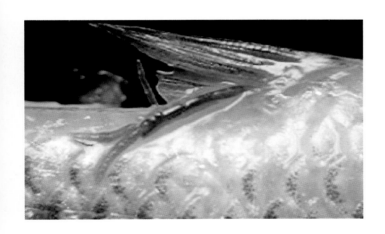

图7-15　根据鱼体上寄生的锚头蚤可诊断为锚头蚤病

157

本方法适用于对赤皮病、出血病、打印病、鲺病、小瓜虫病、卵甲藻病、锚头鳋病、车轮虫病、白头白嘴病、营养不良性疾病、急性中毒性疾病等诊断。(图片请参考第二章的插图)

2. 根据鳃瓣症状的诊断法

(1) 鳃盖　是否完整,有无异物附着,有无溃烂。

(2) 鳃丝　鳃丝是否紧密完整,颜色是否鲜红,黏液分泌是否正常。

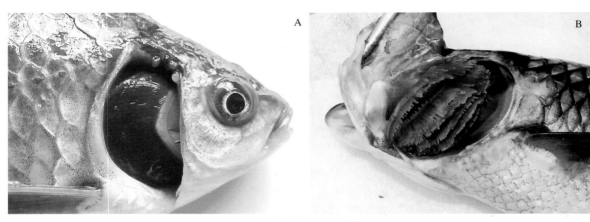

图7-16　鳃丝的诊断

A.正常鲤鳃丝整齐、紧密、呈鲜红色;B.根据鲑鳃丝腐烂发白的特征可诊断为烂鳃病

本方法适用于烂鳃病、鳃霉病、中华鳋病、指环虫病、中毒性疾病等的诊断。

3. 根据消化道症状的诊断法

(1) 肠道　肠道完整性,有无充血、出血。

(2) 肠壁　厚薄,有无充血出血或其他异物附着。

(3) 肠黏膜　黏膜是否有损伤,黏液色泽是否正常。

(4) 胃　胃壁厚薄,有无充血、出血。

本方法适用于出血病、肠炎病、球虫病、黏孢子虫病等疾病的诊断。

图7-17　消化道的检查

A.正常鲤肠道;B.根据病鱼肠壁出血和肠道内有大量黄色黏液的特征可诊断为出血性肠炎

六、显微镜诊断法（Microscopic diagnosis）

显微镜诊断法，即应用显微镜对水产动物进行疾病诊断的方法。这种方法在水产养殖生产第一线的应用最为广泛，常用于对发病鱼的体表、鳃、肠道、眼、脑等部位常见的寄生虫性病原进行诊断，主要判断依据是根据虫体寄生部位和虫体的形态特征进行确诊。

1.体表镜检法

（1）操作

① 准备：在载玻片上滴加一滴无菌生理盐水；

② 制片：刮取发病鱼体表疑似病变部位上的黏液，置于载玻片生理盐水滴上，然后在载玻片上进行均匀涂抹；

③ 盖片：盖上盖玻片；

④ 观察：显微镜下观察（显微镜倍数可根据需要进行调整），每个部位至少检查两个不同疑似位点。

（2）诊断 在镜下观察到体表寄生虫即可确诊。

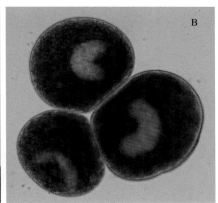

图7-18 体表黏液的检查

A.取体表黏液于载玻片上；B.显微镜下观察在患病鲤体表黏液中的小瓜虫

本方法适用于体表寄生的车轮虫、小瓜虫、斜管虫、鱼波豆虫、钩介幼虫、黏孢子虫等的检测。

2.鳃丝镜检法

（1）操作

① 准备：在载玻片上滴加一滴无菌生理盐水；

② 制片：参照剖解技术，取一小部分鳃丝置于载玻片生理盐水滴上；

③ 盖片：盖上盖玻片；

④ 观察：显微镜下观察（显微镜倍数可根据需要进行调整）。

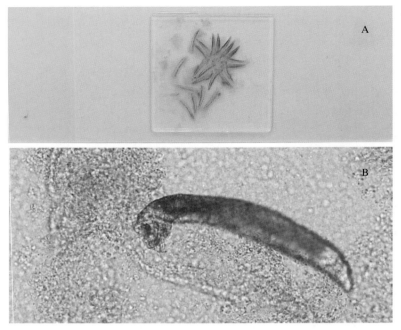

图7-19　鳃丝的检查

A.取患病草鱼鳃丝压片；B.从鳃丝中检出的指环虫

（2）诊断　在镜下观察到鳃丝寄生虫即可根据虫体形态特征进行诊断。

本方法适用于对指环虫、三代虫、隐鞭虫、黏孢子虫等的检查。

3.肠道镜检法

（1）操作

① 准备：在载玻片上滴加一滴无菌生理盐水；

② 剖解：参考剖解技术，使病变待检肠道暴露出来，剖开肠道；

③ 制片：取适量病变肠道壁待检部位的黏液，置于载玻片生理盐水滴上；

④ 盖片：盖上盖玻片；

⑤ 观察：显微镜下观察（显微镜倍数可根据需要进行调整）。

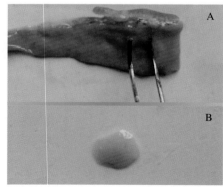
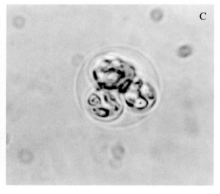

图7-20　肠道黏液的检查

A.取肠壁黏液；B.置于载玻片预滴加的生理盐水滴上；

C.病变肠道的黏液盖片后在显微镜下检出的球虫形态

（2）诊断　在镜下观察到寄生虫，再根据虫体形态学特征即可确诊。

本方法适用于毛细线虫、艾美球虫、黏孢子虫等的诊断。

4.眼部镜检法

（1）操作

① 准备：用灭菌眼科剪剪去患病鱼眼周肌肉；

② 取样：用灭菌眼科镊取下整个眼球晶状体组织；

③ 制作切片：参考组织病理学技术，将取下的晶状体组织制作切片；

④ 观察：显微镜下观察切片（显微镜倍数可根据需要进行调整）。

（2）诊断　在镜下若观察到虫体，可根据虫体形态和发病特征进行确诊。

本方法适用于对双穴吸虫病的诊断。（图片请参考第五章中的双穴吸虫病插图）

5.脑部镜检法

（1）操作

① 准备：用灭菌剪刀剖开患病鱼颅腔；

② 检查：仔细观察在脑旁拟淋巴液是否有白色包囊，若有，可用灭菌眼科镊子将包囊取出；

③ 制片：将包囊置于载玻片上，并压碎；

④ 观察：显微镜下观察压片（显微镜倍数可根据需要进行调整）。

（2）诊断　显微镜下检查时可以见到许多孢子即可确诊。

本方法适用于对黏孢子虫的诊断。

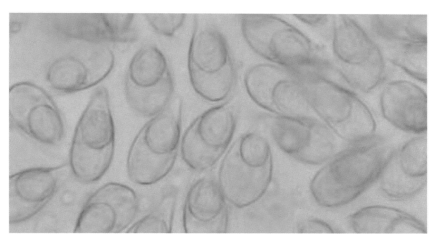

图7-21　根据从患病金鱼脑部病灶中检出的虫体形态诊断为黏孢子虫病

6.血液检查

（1）操作

① 准备：按照采血技术采集待检鱼的血液；

② 推片：取一滴血液滴加于载玻片的一端，用另一张干净的载玻片从一端将血液推向另一端，保证血液在载玻片上均匀涂布；

③ 干燥：在室温条件下，将均匀涂布的载玻片于空气中干燥；

④ 染色：用小滴管将瑞氏染液滴于涂片上，并盖满涂片部分固定约30秒，用姬姆萨对血涂

片进行染色，室温条件下静置5～10分钟（染液配方见附录一）；

⑤ 冲洗：用蒸馏水冲洗染液，冲洗后斜置血涂片于空气中干燥，或先用滤纸吸取水分迅速干燥，即可镜检；

⑥ 观察：在血涂片上滴上松柏油，使用显微镜的油镜进行观察。

（2）诊断　根据观察结果对血细胞或血液寄生虫进行诊断。

本方法适用于对血液寄生虫如锥体虫以及血细胞形态学的诊断。

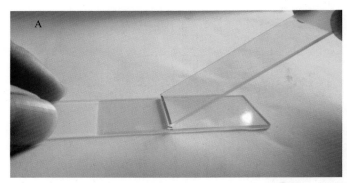

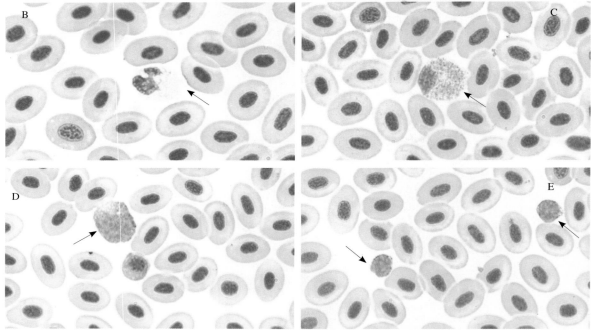

图7-22　血细胞形态检查过程

A.制作血液涂片；B.嗜中性粒细胞；C.嗜酸性粒细胞；D.单核细胞；E.淋巴细胞

七、选择性培养基诊断法（Selective medium diagnosis）

选择性培养基是指一类通过对基本培养基的改良从而达到对目的菌株进行鉴定的培养基，选择性培养基有利于目的菌株的生长，而对其他污染菌则具有较强的抑制作用。本方法可作为基层实验室日常诊断的方法之一，但目前仅局限于对细菌性病原的选择性诊断。

1.Rimler-Shotts 培养基

（1）操作　从病鱼病灶、肝、肾等内脏分离病原菌，接种该培养基，在37℃培养20～24小时；若培养温度低于37℃时，杀鲑气单胞菌菌落特征则容易与嗜水气单胞菌相混淆（培养基配方见附录二）。

（2）判定　如生长菌落为黄色，该菌则为嗜水气单胞菌；若是其他颜色，如绿色、黄绿色、黄色，菌落中央有黑点等，则可判断为其他细菌性病原。

Rimler-Shotts培养基用于对嗜水气单胞菌的鉴定。建议现配现用。

图7-23　Rimler-Shotts培养基诊断法

A.培养基上嗜水气单胞菌的菌落为黄色；

B、C.培养基上呈现绿色、黄绿色或黄色菌落中央有黑点的则为其他细菌

2. 优化的Shieh 培养基

（1）操作　从患病鱼肝、肾或体表病灶分离病原菌，接种该培养基，在30℃培养24小时（培养基配方见附录二）。

（2）判定　若培养基上出现黄色、边缘粗糙且呈假根须状的菌落则初诊为柱状黄杆菌。

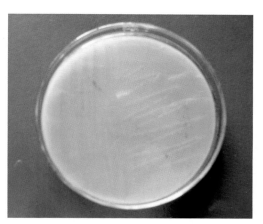

图7-24　优化的Shieh培养基上生长的柱状黄杆菌

本培养基是通过添加妥布霉素进行改良的，可有效提高柱状黄杆菌的分离效率。

八、免疫学诊断技术（Immunological diagnosis）

免疫学快速诊断技术是一项特异、敏感和简便的技术，广泛应用于生物医学的理论研究和临床诊断方面，现在也广泛应用于对水产动物抗体滴度水平的测定和疾病的诊断上。

1. 血清凝集试验

（1）原理　颗粒性抗原与相应抗体在适当条件下发生反应，出现肉眼可见的凝集小块。

（2）操作过程

① 在洁净载玻片的一端滴加10μL标准阳性诊断血清，另一端则滴加10μL生理盐水做为阴性对照；

② 用接种环勾取少许待检细菌，置生理盐水滴中缓慢混匀；

③ 接种环灭菌后冷却，勾取少许待检细菌置于阳性血清滴中缓慢混匀；

④ 3～5分钟后观察。

（3）判定　血清滴若出现明显可见的凝集块，液体变为透明，说明待检细菌为阳性；如两者不反应便无凝集物出现，即为阴性。

本方法可用于对细菌、红细胞等颗粒性抗原物质的诊断。

本方法适用于有条件制备阳性血清或已有标准阳性血清的实验室使用。

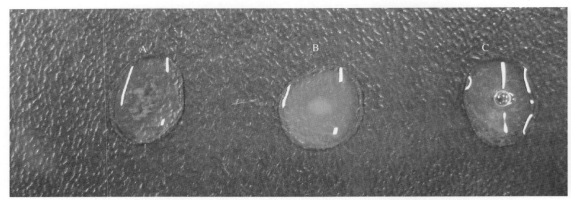

图7-25　海豚链球菌与受免斑点叉尾鮰血清的凝集反应

A.阳性反应；B.阴性对照；C.空白对照

2. 琼脂扩散试验

（1）原理　可溶性抗原与相应抗体结合后，在适量电解质存在时，可形成肉眼可见的白色沉淀。

（2）操作过程

① 制备琼脂糖平板：配方见附录二；

② 打孔：在琼脂糖平板上打梅花孔，中间孔与周围孔距离大约为3mm；

③ 封底：酒精灯烘烤琼脂糖平板底部，直至孔底由琼脂糖封住；

④ 抗体/抗原稀释：将抗体/抗原做倍比稀释；

⑤ 加样：按标记加入，中间孔加抗原/抗体，周围孔加稀释后的抗体/抗原；

⑥ 湿盒中恒温孵育24小时；

⑦ 结果观察。

（3）判定　两孔之间出现沉淀带，即可判定有抗原抗体反应；根据沉淀带出现的位置，计算抗体效价。

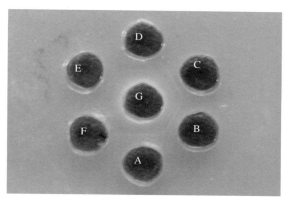

图7-26　海豚链球菌与兔抗血清的琼脂扩散试验

A.抗体1∶2稀释；B.抗体1∶4稀释；C.抗体1∶8稀释；D.抗体1∶16稀释；

E.抗体1∶32稀释；F.抗体1∶64稀释；G.为海豚链球菌抗原

3.酶联免疫吸附试验（ELISA）

（1）原理　以酶标记底物，与已知抗体结合作为标准试剂，用于检测未知抗原，可在常态下呈现出特异性的抗原抗体复合物显色。

（2）操作过程

① 将抗体加入固相载体上，4℃封闭过夜；

② 加入待测抗原，孵育一定时间，缓冲液（PBS-T）洗涤3次，每次2分钟；

③ 加入特异性抗体，孵育、洗涤同步骤②；

④ 加入酶标记抗体，孵育、洗涤同步骤②；

⑤ 底物显色。

（3）判定　酶标仪读取数据后分析得出结果。

本方法适用于检测病鱼的组织病原或鱼血清中的抗原，也适用于检测血清抗体效价。

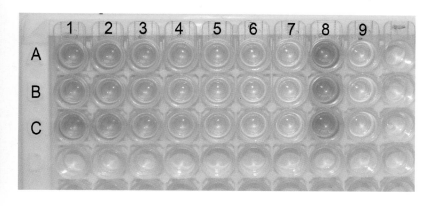

图7-27　海豚链球菌的ELISA检测结果

抗原稀释倍数：1：10^0；2：10^{-1}；3：10^{-2}；4：10^{-3}；5：10^{-4}；6：10^{-5}；7：10^{-6}；

对照试验：8：阳性对照；9：阴性对照；

重复试验：A、B、C。

九、分子生物学诊断技术（Molecular biology diagnosis）

1. 胶体金技术

（1）原理　胶体金能与免疫活性物质（抗原或抗体）结合形成胶体金结合物，这类结合物称为免疫金复合物，可应用于对未知抗原的诊断。

（2）操作

①准备好诊断试纸条；

②手捏试纸硬纸端，将试纸吸附端浸入样品中30秒；

③室温静置3～5分钟，观察结果。

（3）判定

①C线与T线都显红色，则表明检测样品为阳性；

②只有C线为红色，T线不显色，则为阴性；

③C、T线都不显色，或T线显色、C线不显色，则表明试纸失效。

本方法在豚鼠气单胞菌、鳗弧菌、嗜水气单胞菌败血症等病中已有应用研究报道。

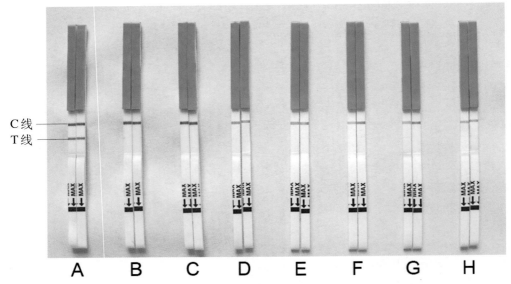

图7-28　豚鼠气单胞菌胶体金检测试纸条检测结果

A.豚鼠气单胞菌强毒株（阳性）；B.维氏气单胞菌（阴性）；C.鲁氏耶尔森氏菌（阴性）；

D.嗜水气单胞菌（阴性）；E.嗜麦芽寡养单胞菌（阴性）；F.海豚链球菌（阴性）；

G.金黄色葡萄球菌（阴性）；H.鮰爱德华氏菌（阴性）

2. 16S rDNA基因序列比对技术

16S rDNA在结构上分为保守区和可变区，保守区能反映生物物种的亲缘关系，可变区具有能揭示生物物种的特征核酸序列等特点，被认为是最适细菌系统发育和分类鉴定的指标。

（1）原理　利用通用引物对细菌的16S rDNA基因序列进行PCR扩增后测序，再通过同源性比对得出鉴定结果。

（2）操作

① 引物：上游引物/下游引物；

② 反应体系：

以25μl反应体系为例：

模板DNA   1.0μl

PCR预混合物   12.5μl

上游引物   0.5μl

下游引物   0.5μl

16S-free H$_2$O   10.5μl

总共   25.0μl

③ 反应条件：

94℃ 5分钟

94℃ 1分钟

50～55℃ 1分钟   } 30个循环

72℃ 1.5分钟

72℃ 5分钟

④ 电泳检测：配制1%琼脂糖凝胶；点入待测样品；80～120V电泳；凝胶成像观察检测；

⑤ 测序：送检测阳性PCR扩增产物送相应公司测序。

（3）判定　根据基因序列同源性比对分析得出结果。

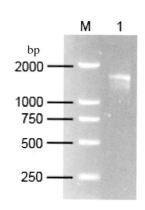

图7-29　嗜水气单胞菌16S rDNA　PCR扩增产物电泳图

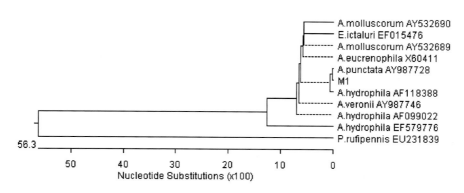

图7-30　嗜水气单胞菌16S rDNA基因序列与相关序列的进化树构建

十、病毒性疾病的诊断 (Diagnosis of viral disease)

（1）**病毒分离**

① 病料的采取与处理

无菌采取新鲜病鱼的肝脏、肾脏、脾脏等病变典型或者病变严重的内脏器官，置 -20℃ 或者以下温度条件下冷冻保存。

根据临床诊断及病期采集不同的标本，用于病毒分离和鉴定的标本应在病程初期或急性期采集，要进行预处理才能用于接种和其他方法的检测。病毒的抵抗力通常较弱，在室温下很快灭活，标本采集后应立即送到病毒实验室，暂时不能检查或分离培养时，应将标本放入冻存液并加入甘油或二甲基亚砜（DMSO）以防止反复冻融使病毒灭活，存放在 -70℃ 低温冰箱内保存。

需用时，用生理盐水或者PBS缓冲液稀释（见附录一），匀浆器匀浆后制成10%组织悬液，加入100IU/mL双抗（青霉素、链霉素）后，置4℃冰箱中作用1～2小时后，反复冻融3次，用0.22μm的一次性滤器过滤除菌，滤液保存于 -20℃ 或者以下的低温或者超低温冰箱备用。

② 分离

选择敏感的培养细胞，将滤过的病料接种在已长成单层的细胞上，逐日观察细胞有无病变（CPE）发生。如果首次没有CPE出现，仍需通过多次传代后，至少传代5代以上，无病变后方可视为无病毒存在。

如果细胞出现病变效应（CPE），则收冻细胞培养上清液作为病毒种子，分装保存于 -70℃，作为进一步鉴定或者电镜观察材料。

③ 电子显微镜检查

电镜直接检查法：某些病毒感染的早期，临床标本中就可出现病毒颗粒。标本经粗提浓缩后用磷钨酸盐负染，电镜下直接观察，可发现病毒颗粒，获得诊断。

免疫电镜检查法：将病毒标本制成悬液，加入特异性抗体，混匀，使标本中的病毒颗粒凝集成团，再用电镜观察，可提高病毒的检测率。本法比电镜直接检查法更特异，更敏感。

（2）**病毒鉴定**

① 分型

脂溶剂敏感性试验：有包膜的病毒含有脂类，对乙醚、氯仿和胆盐等脂溶剂均敏感，经作用后病毒失去感染性，无包膜的病毒对脂溶剂有抵抗。

病毒核酸类型鉴定：用RNA酶或DNA酶可鉴定出病毒核酸的类型。一般实验室常用5-脱氧尿核苷(FUDR)和5-碘脱氧尿核苷(IUDR)来检定病毒核酸类型，即DNA病毒受FUDR或IUDR的抑制，而RNA病毒不受影响。用此方法亦可区分DNA与RNA病毒。

耐酸性试验：不同病毒对环境pH具有不同的耐受性，因此可以配制不同pH的营养液来处理分离病毒，通过灭活情况来判定其耐酸程度。

还可根据实际需要，进行胰蛋白酶敏感试验和耐热试验等特性检查。具体方法参照动物病毒学所描述的方法进行。

② 感染力的测定

常用 $TCID_{50}$ 来测定。具体操作步骤参考动物病毒学进行。

③ 血清学试验

主要是中和试验。中和试验是经典的血清学诊断方法，用于已知的抗血清与所分离的病毒进行中和后，再接种单层细胞或者敏感鱼类，如果不出现细胞病变或者敏感鱼类的死亡，证明分离病毒与对应的血清型相符，从而鉴定病毒。

（3）回归试验　选择没有该病疫苗接种或该病病毒抗体的敏感鱼类，用病料或收获的细胞培养物经肌肉接种易感鱼类，经24小时以后发生死亡，且具有该病的特有症状和病变，即可证实该病。

此外，可用病死鱼的肝脏等内脏制备成冰冻切片标本，或用感染的细胞培养物，用已制备好的特异荧光抗体染色，在荧光显微镜下检查，如在肝脏等细胞（或培养的单层细胞）的细胞内出现颗粒荧光，证明有病毒抗原的存在。

如果有相应的检测试剂盒，亦可用其他血清学诊断方法如ELISA、Dot-ELISA、PCR或者RT-PCR等试验方法进行快速诊断。

（4）病毒保存　一般将发病病料的典型病变内脏，冻存于－20℃或者以下温度条件下冷冻保存；或者将细胞培养物经过冻融离心后取上清液置于－70℃的冰箱中保存；也可以将细胞培养物进行冻干保存。细胞培养物切忌反复冻融。

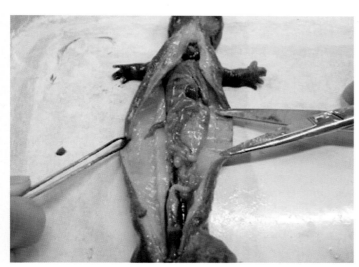

A.病料采集

一般为患病严重典型、濒临死亡的个体，采集要快，无菌操作，可采集血液、组织等，低温保存（－20℃或－70℃）。

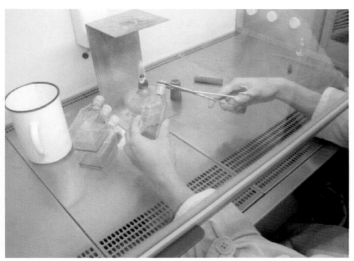

B.培养细胞传代

常规细胞传代培养方法培养：弃营养液、无钙镁水洗、胰酶消化、分瓶、培养。一般长满细胞瓶底壁后就能接种病毒。

C.细胞培养

将传代细胞置于含5％CO2恒温培养箱(37℃)中培养，每天进行显微观察并监测是否有污染发生，并及时根据情况处理。

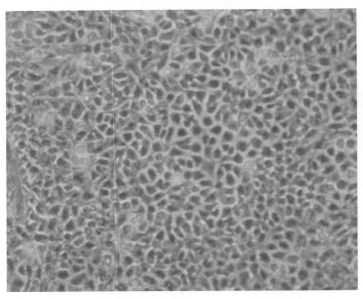

D.形成致密单层细胞

显微镜下观察，培养的细胞一般要形成致密单层细胞才能进行病毒接毒试验。

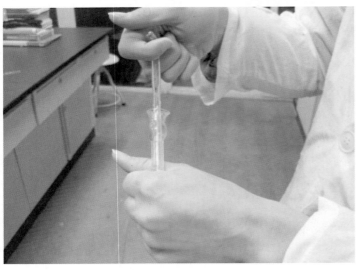

E.病毒材料的准备和处理

加入生理盐水或者PBS液，在匀浆器中研磨病料，研磨完全后冻融1～3次。然后低速离心，取上清用0.22μm的滤膜过滤，取过滤后的液体用于接种细胞。

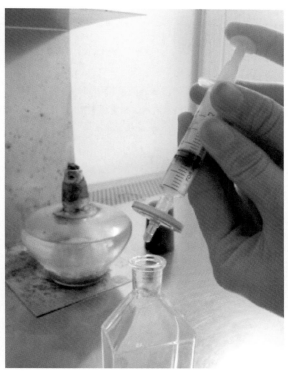

F.病毒材料接种单层细胞

加入生理盐水研磨病料，研磨完全后冻融1～3次。然后低速离心，取上清用0.22μm的滤膜过滤，取过滤后的液体接种细胞。

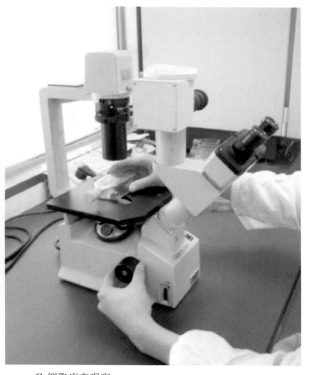

G.细胞病变观察

接种后1～3天在倒置显微镜下观察细胞病变；如果病毒不产生细胞病变，则需要用其他的方法来检测，比如可用荧光抗体染色、PCR或者其他方法；大部分情况下第一代都不容易看到或者效果不好，可再传几代试试。

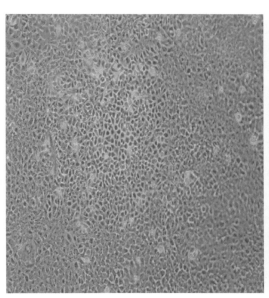
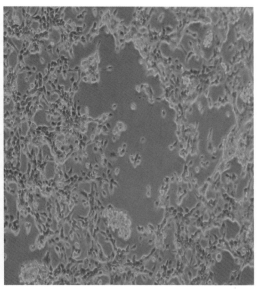

H.细胞病变示例

显微镜下观察细胞病变情况。左图为正常细胞，右图为病变细胞。

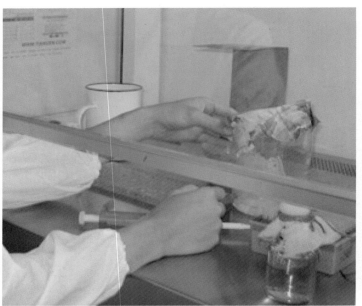

I.收冻病毒

观察到细胞病变或检测到病毒后，当细胞病变达70%左右时，反复冻融细胞3次，然后离心收集上清液置于保种管中，－20℃或－70℃保存。

J.保存病毒

将收集上清液的保种管转移至－20℃或－70℃保存。

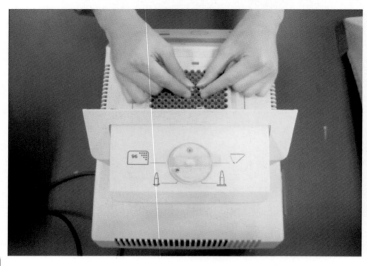

K.病毒的分子鉴定

一般设计相应的引物进行PCR或RT-PCR鉴定，观察有无相应大小的预期条带，来检测是否分离到相应的病毒。

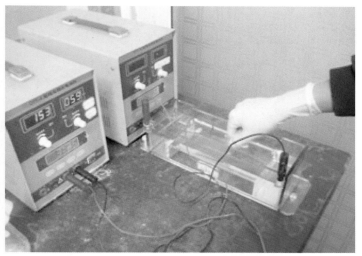

L.PCR产物电泳

将PCR或RT-PCR产物点样琼脂糖凝胶后，将凝胶放在电泳槽内进行电泳，电泳电压一般为150V左右，电泳时间一般为10～20分钟。

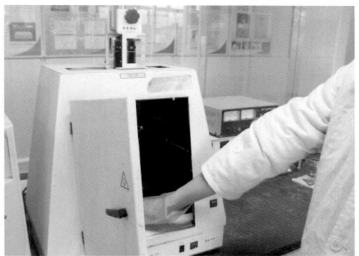

M.凝胶成像系统检查电泳结果

PCR或RT-PCR扩增产物的凝胶电泳检查。于凝胶成像系统中照相，记录结果。

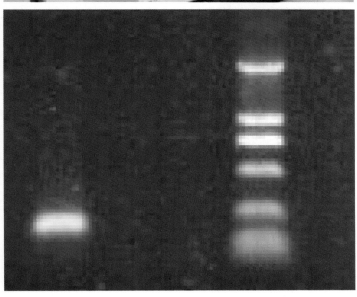

N.结果的鉴定

在凝胶成像系统中通过照相结果，观察凝胶上有无相应的目的条带来检测是否分离到相应的病毒。

图7-31　水产动物病毒病的诊断过程

十一、细菌性病原的诊断 (Diagnosis of bacterial disease)

（1）分离鉴定

① 准备：把已灭菌的接种器械放入超净工作台，打开紫外灯消毒15分钟；

② 采样：对患病鱼体表进行消毒，然后剖解；

③ 接种：取病料组织触片或用灭菌接种环穿从内脏器官中取样接种于培养基；

④ 分离：培养24小时，观察培养基上生长的菌落颜色、大小、形态等；

⑤ 纯化：选取单个优势菌落接种于新培养基上，直至培养基上菌株分纯为止；

⑥ 鉴定：结合革兰氏染色、生化鉴定管、16S rRNA等技术对病原菌进行鉴定。

（2）细菌保存 常见有斜面、低温和冷冻干燥方法，可按具体保存时间的需要来选择保种方法。

（3）药敏试验

①制备培养基：M-H培养基（见附录二）；

②接种：在琼脂平板上，均匀涂布一层稀释的供试菌，用量以对照琼脂平板表面微生物生长的密集或半密集菌落而能成浑浊的表层为宜；

③干燥：琼脂平板涂菌后倒置于37℃恒温箱中数分钟，使表面干燥；

④贴药敏纸片：用无菌镊子将不同浓度待测药物的滤纸片均匀贴在琼脂平板表面，轻压纸片使其与琼脂适当接触，其中的药物扩散进入琼脂中。各纸片间距要相等且不要太靠近边缘；

⑤培养：恒温培养16～24小时；

⑥观察：取出平板，用游标卡尺测量各纸片周围抑菌圈直径并记录；

⑦判定：将每种药物的抑菌圈直径大小与判断标准比较，筛选出敏感药物。

（判断标准可向药敏纸片公司索取）

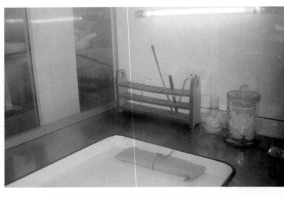

A.消毒准备

•将包扎好灭过菌的剪刀、镊子、接种环和解剖盘放入超净工作台；

•将试管架、酒精灯、酒精棉球、接种环、烙铁等放入超净工作台；

•打开紫外灯，表面消毒15～20分钟；

•启用时，关闭紫外灯。

B.患病鱼体消毒

•将病鱼置于超净工作台上；

•用酒精棉球在病鱼体表上进行消毒；

•消毒完成后按剖解技术的规范操作对病鱼进行剖解。

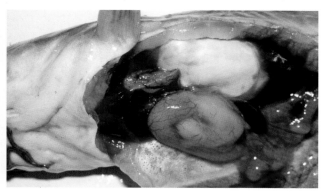

C.内脏器官表面消毒

• 待剖解完成后，内脏器官完全暴露；

• 用烧红的烙铁烧灼内脏器官的表面消毒；

• 剪头所指的是经烧灼的肝脏表面。

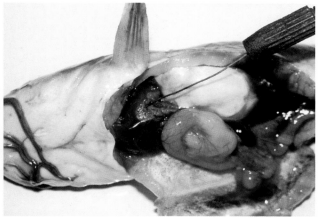

D.勾取适量组织

• 将接种环在酒精灯上烧红；

• 将烧红接种环对经烫烧的脏器表面进行穿刺；

• 确保接种环能勾取适量组织；

• 取出接种环后准备在营养培养基上划线接种。

E.平板划线接种

• 用记号笔对培养基标记；

• 用灭菌接种环勾取适量组织后接种于培养基；

• 将培养基放置恒温培养箱培养24 ～ 48小时。

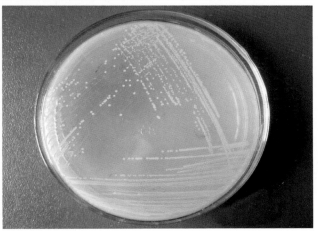

F 平板上生长的细菌

• 观察培养基上菌落颜色、形态、直径大小、是否光
滑、边缘是否粗糙等；

• 挑取单个优势菌落分纯培养；

• 记录描述。

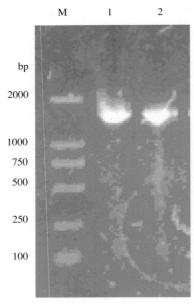

G.纯化细菌的16S rDNA扩增结果

• 收集菌液;

• 按商品化试剂盒说明书提取DNA;

• 利用16S rDNA通用引物进行PCR扩增;

• 将PCR产物进行1%琼脂糖电泳检测条带;

• 凝胶成像系统照像;

• 记录结果。

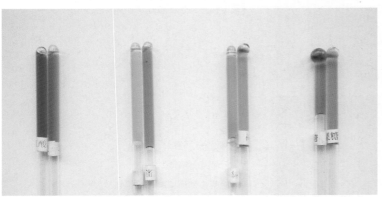

H.菌株生化鉴定

• 准备生化鉴定管;

• 根据操作说明书进行操作;

• 培养24小时,记录结果。

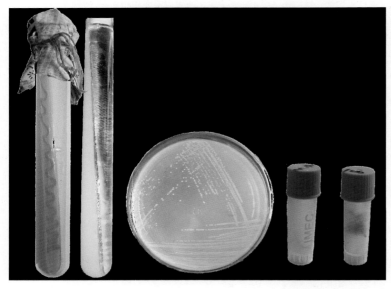

I.菌种保存

• 菌种保存方法;

• 左图从左到右依次为常规斜面保存、甘油-液体石蜡保存、平板保存、低温甘油菌液保存和冻干菌粉保存。

图7-32　患病中华倒刺鲃的实验室诊断过程

十二、药敏试验（Antibiotics sensitirity test）

1.纸片法

（1）目的　测定细菌对药物的敏感程度。

（2）方法　纸片扩散法。

（3）步骤

①制备培养基：M-H液体培养基、M-H琼脂培养基（配方见附录二）；

②制备供试菌液：将供试菌接种于无菌M-H液体培养基，28℃，培养24小时，待用；

③涂布接种：吸取适量供试菌液，均匀致密涂布于M-H琼脂培养基表面；

④贴片：用无菌镊子，将药敏纸片以间隔适当距离粘贴于M-H琼脂培养基表面，并轻轻触压药敏纸片使之与培养基充分接触；

⑤培养：28℃，倒置培养24小时。

（4）结果判定　测量抑菌圈直径，根据药敏纸片说明书，判断细菌对各种药物的敏感程度。

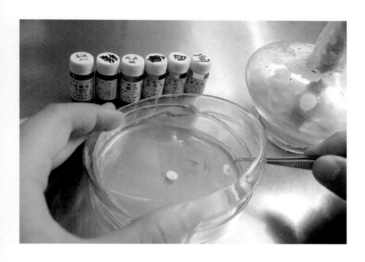

A

• 制备培养基；

• 移液器吸取菌液注入培养基；

• 使用消毒后的涂布将菌液均匀涂抹于培养基表面；

• 使用消毒后的眼科镊将药敏纸片粘贴于培养基上；

• 恒温培养箱培养24小时。

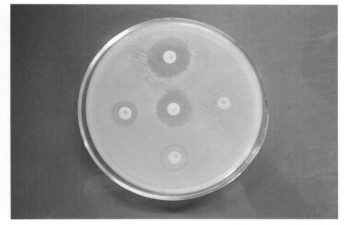

B

• 用直尺或游标卡尺测量抑菌圈直径；

• 记录；

• 根据说明书判断细菌对具体药物的敏感性。

图7-33　纸片法操作过程

2. 试管法—MIC、MBC测定

（1）原理　试管二倍稀释法。

（2）操作步骤

① 制备培养基：M-H液体培养基（见附录二）；

② 制备供试菌液：将供试菌接种于上述无菌M-H液体培养基，28℃，培养24小时后，无菌生理盐水稀释，调整菌液浓度至10^6cfu/mL；

③制备供试药备用液：用无菌蒸馏水配制成所需的浓度，如40μg/mL等，作为母液备用。试验时，取1mL母液加入第0管中；

④ 二倍稀释：取11支无菌试管，于第1管加入M-H肉汤培养基1mL，其余各管均加入1mL；再于第0管加供试药物母液1mL，混合后吸取1mL加入第2管中，同法稀释至第10管，弃去1mL，1～10管的浓度依次为：20、10、5、2.5……0.039μg/mL；第11管为阴性空白对照；

⑤ 加入供试菌液：各取0.1mL于第1～10管，混匀；

⑥ 培养：将各试验管置于28℃下培养24小时。

（3）结果判定

① MIC的确定：经肉眼观察，无菌生长试管中对应的最低药物浓度即为最低抑菌浓度（MIC）；

② MBC的确定：依次将未见细菌生长的各管培养物各吸取0.1mL涂布于M-H琼脂培养基平板，于28℃恒温培养24小时，无细菌生长的培养基所对应的最低浓度为最小杀菌浓度（MBC）。本方法适用于对抗生素类药物抗菌作用的判断。

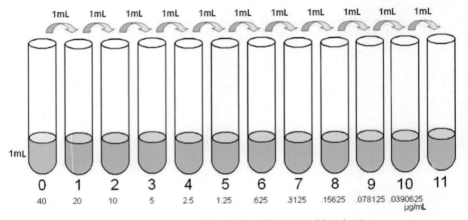

图7-34　MIC和MBC二倍稀释加样示意图

0号管是药物母液管；1～10号管是稀释管；11号管是空白对照管

十三、真菌性病原的诊断 （Diagnosis of fungal disease）

（1）操作步骤

① 采样：观察病变部位症状；

② 镜检：取病变部位组织压片，显微镜检查，观察菌丝和孢子囊等的形态特征；

③ 分离：用灭菌接种环穿取适量组织接种于已添加了抗生素的专用培养基，培养24小时（培养基配方见附录二）；

④ 鉴定：分纯后，可通过16S rDNA鉴定基因或使用电镜检测其形态来判断致病病原。

(2)判定　根据培养特性和DNA序列比对分析后得出结果。

(3)真菌固定和保存

① 水霉的固定和保存：

方法一：把鱼体上的水霉取下一部分，用4%～5%的福尔马林溶液保存；

方法二：把患有水霉病的病鱼用4%～5%的福尔马林溶液保存。

② 鳃霉的固定和保存：

方法一：盖片涂抹法涂片，用肖氏液固定；

方法二：用4%～5%的福尔马林溶液连组织保存一部分；

方法三：用葡翁氏液固定一部分作切片用的组织。

A

•将患病鱼置于超净工作台上；

•观察患病鱼眼观症状；

•挑取菌丝接种于玉米粉琼脂培养基上。

B

•玉米培养基上培养出水霉后；

•观察水霉菌丝的形态；

•显微镜下观察菌丝和孢子囊的形态；

•分纯的培养物经常转种保存于矿物油中。

图7-35　患水霉病鱼的病原诊断过程

十四、寄生虫性病原诊断及标本制作 （Diagnosis of parasitosis and specimen preparation）

（1）操作步骤

① 采样：采集现场患病鱼；

② 检查：对感染寄生虫的新鲜鱼进行初步检查，包括眼观检查和显微镜检查；

③ 虫体收集：取患病鱼的鳃组织、体表（或肠道）黏液等进行虫体收集（见附录三）；

④ 染色：采用不同的方法对收集到的各种虫体进行染色（见附录三）；

⑤ 固定和保存：根据收集到的不同虫体进行相应的固定和保存处理（见附录三）；

⑥ 鉴定：可根据虫体形态学特征进行鉴定，也可分子生物学的方法进行鉴定。

（2）判定　根据虫体寄生部位和虫体形态学特征进行诊断。

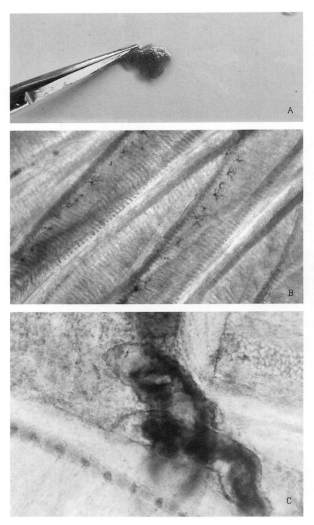

图7-36　鳃丝虫体检查

A.剪取鳃丝置于载玻片上；B.正常压片后镜检无虫检出；C.患病鱼鳃丝检出的指环虫

附　录

附录一　与病毒培养相关的试剂溶液

1. 基础营养液

将商品化的 MEM 或 DMEM 营养液粉	1袋（1L规格的）
灭菌去离子水	1 000mL
碳酸氢钠	2.2g

用0.22μm滤器过滤除菌，分装后置2～8℃的冰箱保存。

2. 生长营养液

在基础营养液的基础上，加入5%～10%的犊牛血清或者胎牛血清，混匀后即可。

3. 维持营养液

在基础营养液中加入2%～3%的犊牛血清或者胎牛血清，混匀后即可。

4. 胰蛋白酶

按胰蛋白酶液浓度为0.25%，用电子天平准确称取粉剂溶入小烧杯中的双蒸水（若用双蒸水需要调pH至7.2左右）或 PBS（D-hanks）液中。搅拌混匀，置于4℃下过夜。用注射滤器抽滤消毒：配好的胰酶溶液要在超净台内用注射滤器（0.22μm微孔滤膜）抽滤除菌。然后分装成小瓶于－20℃保存，以备使用。

5. 0.2M PBS 配方（pH7.4）

A液：$0.2M\ Na_2HPO_4$ 的配置

称取 71.6g $Na_2HPO_4 \cdot 12H_2O$，溶于 1 000mL 水。

B液：$0.2M\ NaH_2PO_4$ 的配置

称取 31.2g $NaH_2PO_4 \cdot 2H_2O$，溶于 1 000mL 水。

0.2M PBS（pH=7.4）的配制

分别取A液81mL和B液9mL，然后加入NaCl 0.9g，调pH至7.4，经121℃高压灭菌15分钟或过滤除菌，保存备用。

附录二 与细菌、真菌分离、鉴定和染色相关的试剂溶液

1.胰蛋白胨大豆肉汤培养基（TSB）

胰蛋白胨	15g
大豆蛋白胨	5g
氯化钠	5g

称取的上述组分加入到1 000mL蒸馏水中，调节pH为7.2±0.2，经121℃高压灭菌15分钟，取出，常温冷却，待温度降至55℃时倒平板，备用。

本培养基营养丰富，某些较难生长的细菌均能生长，可用于各种细菌的增殖培养，亦可用作基础培养基。

2.胰蛋白胨大豆琼脂培养基（TSA）

胰蛋白胨	15g
大豆蛋白胨	5g
氯化钠	5g
琼脂粉	20g

称取的上述组分加入到1 000mL蒸馏水中，调节pH为7.2±0.2，经121℃高压灭菌15分钟，待温度降至55℃时倒平板，备用。

本培养基的用途同TSB。

3.LB肉汤培养基

胰化蛋白胨	10g
酵母提取物	5g
NaCl	5g

称取的上述组分加入到1 000mL蒸馏水中，调pH至7.0，经121℃高压灭菌15分钟，取出，常温冷却，待温度降至55℃时倒平板，备用。

本培养基可用于大肠杆菌等多种革兰氏阴性菌的增殖培养。

4.LB琼脂培养基

胰化蛋白胨	10g
酵母提取物	5g
NaCl	5g
琼脂粉	20g

称取的上述组分加入到1 000mL蒸馏水中，调pH至7.0，经121℃高压灭菌15分钟，待温度降至55℃时倒平板，备用。

本培养基的用途同LB肉汤培养基。

5. 脑心浸液琼脂培养基（BHI）

牛脑	200g
牛心浸出汁	250g
蛋白胨	10g
葡萄糖	2g
NaCl	5g
琼脂	20g

称取的上述组分加入到1 000mL蒸馏水中，调pH至6.8～7.2，经121℃高压灭菌15分钟，待温度降至55℃时倒平板，备用。

本培养基营养丰富，用于对某些较难生长的细菌（如爱德华氏菌等）的增殖培养，但成本较高。

6. 链球菌培养基

按TSA配方配制培养基，经121℃高压灭菌15分钟，待培养基冷却至45～50℃时，加入5%的羊血，混匀后倒平板，可用于链球菌的培养和溶血性观察。

7. 假单胞菌培养基

称取20g琼脂加入到1 000mL蒸馏水中，加热使琼脂溶解，按溶液总体的0.1%加入溴化十六烷基三甲胺，经121℃高压灭菌15分钟，待温度降至55℃时倒平板，备用。

8. RimLer-Shotts培养基配方

L-盐酸鸟氨酸	6.5g
L-盐酸赖氨酸	5.0g
L-盐酸半胱氨酸	0.3g
麦芽糖	3.5g
硫代硫酸钠	6.8g
柠檬酸铁胺	0.8g
脱氧胆酸钠	1.0g
氯化钠	5.0g
酵母提取物	3.0g
溴麝香草酚兰	0.03g
琼脂	13.5g

称取的上述组分加入1 000mL水中，调pH至7.0，经121℃高压灭菌15分钟，待温度冷却至55℃时，加入0.05g新生霉素，摇匀后倒平板，备用。

本培养基可用于对嗜水气单胞菌的鉴定诊断。

9. 优化的Shieh培养基配方

蛋白胨	5g
酵母浸膏	0.5 g
醋酸钠	0.01 g
水合氯化钡	0.01 g
磷酸氢二钾	0.1 g
磷酸二氢钾	0.05 g
硫酸镁	0.3 g
氯化钙	0.006 7 g

硫酸亚铁	0.001 g
碳酸氢钠	0.05 g
琼脂	10.0 g

称取的上述组分加入到1 000mL蒸馏水中，调pH至7.2，经121℃高压灭菌15分钟，待温度冷却至55℃时，添加多黏菌素（10U/mL）和新霉素（5μg/mL)溶液，摇匀后倒平板，备用。

本培养基可用于柱状黄杆菌的分离及增殖培养。但为保证培养基上有充足的水份，建议根据实际使用情况现配现用。

10.Mueller-Hinton（M-H）培养基配方

牛肉浸液	1 000mL
可溶性淀粉	15g
酪蛋白水解物	17.5g
琼脂	17g

称取的上述组分加入到1 000mL蒸馏水中，调pH至7.4，经121℃压力蒸汽灭菌，待温度降至55℃时倒平板，备用。

本培养基用于常见菌株的药物敏性试验测定。

11.琼脂糖平板配方

| 琼脂糖 | 0.8g |
| 蒸馏水 | 100mL |

称取琼脂糖0.8g加入100mL水中，经115℃高压灭菌15分钟，待温度冷却至55℃时，倒平板，备用。

12.玉米粉-琼脂培养基配方

（1）称取玉米粉（200g）加入到已预热至70℃的蒸馏水（500mL）中，保持温度在60℃左右约1小时，用纱布过滤后，加入适量的水补足500mL。

（2）称取琼脂（17g），加入至蒸馏水中（500mL），加热至琼脂完全融化，过滤后补足水至500mL。

（3）将A、B两种溶液混合后分装，121℃灭菌15分钟，4℃保存备用。

本培养基可用于真菌性病原菌的增殖培养。

13.革兰氏染液配方

① 草酸铵结晶紫染液

A液：

| 结晶紫 | 1.0g |
| 95%酒精 | 20mL |

B液：

| 草酸铵 | 0.8g |
| 蒸馏水 | 80mL |

混合A、B二液，静置48小时后使用。

② 卢戈氏(Lugol)碘液

碘片	1.0g
碘化钾	2.0g
蒸馏水	300mL

先将碘化钾溶解在少量水中，再将碘片溶解在碘化钾溶液中，待碘全溶后，加足水分即成。

③ 95%酒精溶液

酒精	95mL
蒸馏水	5mL

④ 沙黄复染液

沙黄	0.25g
95%酒精	10mL
蒸馏水	90mL

将沙黄溶于乙醇中，再用蒸馏水稀释。

细菌染色后光学显微镜下观察，若菌体染为紫色，则为革兰氏阳性菌；若菌体染为红色，则为革兰氏阴性菌。

14. 瑞氏（Wright's）染液配方

① 瑞氏（Wright's）染液的配制

瑞氏染料粉剂	0.1g
纯甲醇	60 mL

将瑞氏染料粉放人乳钵内，加少量甲醇研磨至染料完全溶解，倒入洁净玻璃瓶内密封，在室温下保存1周即可使用（新鲜配制的染料偏碱性，放置后呈酸性，染液储存时间越久，染色愈好）。

② 姬姆萨（Giemsa）染液的配制

A.原液配制

Giemsa 粉剂	0.8g
甘油（医用）	50 mL
甲醇	50 mL

将姬姆萨粉剂溶于甲醇中，在乳钵中充分研磨，溶解后再加甘油，混合均匀，置于37～40℃温箱内8～12小时，过滤，装入棕色试剂瓶内，密封保存备用。

B.磷酸盐缓冲液配制

取磷酸二氢钾（无水）	0.3g
磷酸氢二钠（无水）	0.2g

加少量蒸馏水溶解，调整 pH 至6.4～6.8，加水至1 000mL。

C.工作液配制

临用时取姬姆萨原液5mL，加磷酸盐缓冲液（pH6.4～6.8）50 mL，即为姬姆萨稀释液。

15. Ziehl-Neelsen 氏抗酸染色

（1）试剂组分

石炭酸复红液

碱性复红	1g
纯乙醇	10mL
5%石炭酸水溶液	100mL

碱性复红溶于乙醇内，然后与石炭酸水溶液混合，过滤后保存备用。

（2）用途与步骤

此染色液用于抗酸性杆菌的染色观察，其操作步骤如下：

① 中性甲醛液固定组织，石蜡切片，常规脱蜡至水；

② 入石炭酸复红液1小时左右；

③ 自来水洗；

④ 用0.5%盐酸乙醇分化数秒钟；

⑤ 水洗，用0.1%亚甲蓝水溶液复染2分钟；

⑥ 用95%乙醇分化，使亚甲蓝脱色，便显示清楚；

⑦ 无水乙醇脱水，二甲苯透明，中性树胶封固。

（3）结果判定

抗酸杆菌呈红色，背景呈灰蓝色。

（4）注意事项

① 石炭酸复红液，须加温度37～40℃时，只需染色15～20分钟时间；

② 盐酸乙醇分化应严格掌握，一般的情况下经水洗后，视切片的组织带有淡粉红色；

③ 亚甲蓝（美蓝）复染以后用95%乙醇快速分化，防止过度脱色（保持对比的色彩度）。

附录三　与寄生虫保存和鉴定相关的试剂溶液

1.鱼类寄生虫标本的固定和保存方法

① 球虫

A.把包囊取出压破，或取内含物，用盖片涂抹法涂片，用肖氏液固定；

B.用4%～5%的福尔马林溶液连器官或组织一起保存；

C.用葡翁氏液固定一部分组织作切片之用。

② 黏孢子虫

A.把包囊取出压破，或取内含物，用盖片涂抹法涂片，用肖氏液固定；

B.用4%～5%的福尔马林溶液保存孢子或包囊；

C.用甘油胶冻保存孢子，方法是把孢子放在载玻片上的中间位置，尽量不要多带水分，然后用小镊子取一小块甘油胶冻放在有孢子的位置上面，把载玻片在酒精灯的火焰上略略加热，待甘油胶冻完全溶解，即盖上盖玻片，并轻轻压平，平放在桌上，干后即可放在标本盒里。

D.用葡翁氏液固定一部分组织作切片之用。

③ 肤孢虫

A.把包囊压破，用载玻片涂抹法涂片，让它在空气中干燥；

B.盖片涂抹法，用肖氏液固定；

C.用4%～5%的福尔马林溶液保存孢子或包囊；

D.用葡翁氏液固定一部分组织用切片之用。

④ 复殖吸头虫

A.成虫和幼虫　若从体表、体腔内、组织器官里找到的复殖吸虫，则用细镊子、解剖吸管把肉眼可见的种类先取出，然后在放大镜下取出较小的种类。取出吸虫的包囊时，要小心的地从寄主组织内挑出，放在玻片上，将膜压破。如果幼虫仍在包囊中出不来，则用吸管流水，将它冲出。

收集的寄生虫，首先要很好地把黏附在虫体上的黏液和组织碎片等冲洗干净，否则虫体上的脏东西经固定后，就无法冲去。用吸管冲洗时，要注意防止吸管把虫体带到培养皿中去。

复殖吸虫的固定，手续比较麻烦。为了使吸虫能在伸展状态下固定下来，应用两块玻片，将经过洗干净的寄生虫，用吸管移植到载玻片上，如果是小的吸虫，同一载玻片，可将许多虫体放在一起，用另一载玻片盖上，将虫体压平，为了防止将虫体压得太薄，可在两玻片间两端各夹一薄纸片，再用细线在两玻片两端轻轻地捆扎好，放在盛有70%酒精的培养皿或烧杯里，让固定液徐徐渗入，这样就可同时固定许多个虫体。待玻片里的虫体内部完全呈乳白色，即表示固定液已透入虫体各组织，这时也可把线解开，取下玻片，用酒精将虫体冲下，保存在另盛有70%酒精的标本管里。将许多虫体放在一起。

B.包囊　吸虫的包囊，要小心地从寄主组织中取出，放在玻片上的水滴里，用解剖针把包囊膜撕破，或轻压盖玻片，将膜压破，使幼虫脱出，然后按上法固定。

⑤ 绦虫

A.标本取出　收集绦虫，首先必须把虫体从组织或器官中取出。在肠里或有些器官里的绦虫，头部往往钻进组织里面，不易脱下来，取出时常会把虫体撕断，因此操作时要特别小心。有时将虫体拉直，再轻轻拉一下，虫体即可从肠黏膜层自行脱下。

B.整体固定　为了使虫体从收缩变成伸展状态，在固定前，可把虫体放在水里一段时间，待虫体充分伸展时，再用固定复殖吸虫的方法，把虫体压在两块玻片里。但绦虫身体往往很长，因此在未压时，要把虫体尽量摆好，使它保持自然状态，压好后，注入70%的酒精，其余手续，都和固定复殖吸虫相同。固定好的虫体，应保存在70%的酒精里。

图1　寄生于草鱼肠道的绦虫

A.寄生于草鱼肠道内的头槽绦虫；B.寄生于草鱼肠道内的舌状绦虫

⑥ 线虫

固定时，一般线虫先放在60～70℃的70%热酒精烫直，再用70%酒精保存。而嗜子宫线虫可用巴氏液直接固定和保存。

⑦ 蛭类

用4%～5%的福尔马林溶液固定和保存。大多数标本用70%酒精麻醉固定和保存。

⑧ 甲壳动物、鳋、鲺、鱼怪等

用70%酒精或3%～4%福尔马林溶液固定，再用70%酒精保存。锚头鳋保存方法同上，但要注意勿拉断头部。

2.吸虫、绦虫、棘头虫等的整体染色法

如果用葡翁氏液固定，并在70%酒精中保存的标本，在染色前应将标本上的黄色固定液除去。方法是：在70%酒精中加少量碳酸锂粉末，或加1滴氨水酒精，待寄生虫的虫体完全变白为止。随后进行水化，70%酒精→50%酒精→30%酒精→10%酒精→蒸馏水，每一阶段约10～15分钟，然后用硼砂洋红或载氏苏木精或爱尔立克氏苏木精染色。这三种染液的染法相同，是将蒸馏水洗过的虫体放进染色液中，经1～3小时后，用水洗，如染色太深，可放在酸酒精中褪色。在褪色过程中，要时常在放大镜下观察，当虫体的体壁呈肉红色，内部器官为深浅不一的红色，或虫体体壁为浅灰蓝色，内部器官紫蓝色就可以。褪色好的标本用自来水慢慢冲洗，至少1小时，然后进行梯度酒精脱水，自10%酒精→30%酒精→50%酒精→70%酒精→80%酒精→90%酒精→95%酒精→100%酒精Ⅰ→100%酒精Ⅱ→二甲苯Ⅰ→二甲苯Ⅱ，第一阶段需停留10～15分钟。在95%酒精和无水酒精两个阶段中，都必须更换一次酒精，时间也要延长一些。标本愈大，在每一脱水阶段停留的时间应越长。从100%酒精Ⅱ＋二甲苯Ⅰ中升至纯二甲苯中，时间同上，使标本完全透明，透明后用镊子夹取大型虫体或用干燥吸管吸取小型寄生虫，轻轻将虫体放在载玻片上的加拿大树胶圆滴中，在放大镜下将标本用针拨正，盖上盖玻片即可。

小型蛭类，可用处理复殖吸虫的方法压平和固定，并按上述方法染色制片。

寄生虫的整体染色，可放在小的染色皿中进行，如结晶碟、悬滴培养皿、染色皿等。但每次更换酒精或染色时，当心不要把标本吸掉或倒掉。

3. 几种不需要染色的寄生虫的处理方法

① 甲壳类、单殖吸虫、棘头虫等　凡具有几丁质外壳或钩、刺的寄生虫，用聚乙烯醇的乳酸酚混合封固，既简便又看得清楚。但只能观察几丁质结构和钩、刺等，其他组织都变为透明。

方法是：把新鲜虫体，或已固定在酒精、福尔马林溶液中的标本，取出后放在载玻片上，用小块吸水纸将虫体周围的水分吸干，然后滴上适量聚乙烯醇乳酸酚混合液于虫体上，在解剖镜下用竹针把虫体拨正，盖上盖玻片即可。如标本比较大而厚，可在盖玻片四角各垫上一块或两块碎的盖玻片。但这样封固的标本不宜长期保存，只作临时封固，平时可保存在福尔马林或酒精溶液中。单殖吸虫也可直接用弗氏胶封固。棘头虫的结构，也可用甘油酒精透明观察。

② 线虫　将标本从巴氏液或70%酒精里取出，放进10%甘油酒精中，然后逐步上升至20%酒精→40%酒精→60%酒精→80%甘油酒精→100%甘油中，虫体即透明，每一阶段的时间，依虫体大小不同，经6～12小时，待虫体透明后，即可在显微镜下观察，但有时空气潮湿，时间较长甘油易吸水，取出的虫体吸水后逐渐变为不透明。如有些构造经过甘油处理后仍不够清晰，则用聚乙烯醇乳酸酚混合液处理。线虫的头部和尾部通常切下用甘油胶冻封固，作为观察顶面或腹面之用。方法是：将配好的黄珊汕胶冻连瓶浸在水里，待溶解后，用吸管吸1滴在载玻片的标本上，用针拨正后，趁没有冷却，迅速盖上盖玻片。也可挖取一小块凝固的甘油胶冻放在标本边缘上，在载片下略加热，待熔化后，立即盖上盖玻片。一般用巴氏液保存的小型线虫，可直接在显微镜下观察，如果内部结构不透明时，再用上述方法处理。

③ 悬滴法观察孢子虫　将新鲜黏孢子虫包囊放在干净的盖玻片上，加1滴水，将囊弄破，然后再盖上一块较小的盖片，用吸水纸小心地将多余水分吸去，然后将盖片翻转，使小盖片朝下，放在单凹载玻片的凹面上，即可在油镜下观察，3～5天不致干掉。

④ 孢子虫与纤毛虫　可用甘油酒精或甘油胶冻法封固保存和观察。用甘油胶冻封固保存孢子虫的方法是：将包囊或孢子置于载片中央，捣破包囊，用小解剖刀或小镊子取一块甘油胶冻在孢子的上面，在载玻片下用酒精灯火焰略加热，待甘油熔化，盖上盖玻片，轻轻压平，平放在桌上，凝固后放入标本盒里，并可随时取出观察。

4. 寄生虫标本的固定和染色中常用试剂

① 5%福尔马林

蒸馏水	95mL
40%甲醛溶液	5mL

② 10%福尔马林

蒸馏水	90mL
40%甲醛溶液	10mL

③ 葡翁氏溶液

饱和苦味酸	75mL
福尔马林	25mL
冰醋酸	5mL

④ 巴氏液

福尔马林	30mL
蒸馏水	1 000mL
NaCl	6g

该液可用于体壁很容易破裂的成熟线虫（如嗜子宫属和棍线属等）的固定。

⑤ 4%聚乙烯醇乳酸酚混合液

直接封固甲壳类、棘头虫和单殖吸虫，又是良好的透明剂。

配法：取4g聚乙烯醇粉末，溶于100mL酚（石炭酸）和乳酸的等量混合液中（即50mL酚+50mL乳酸），置热水浴锅约3～4小时，使聚乙烯醇完全溶解成均匀透明的液体。

⑥ 甘油胶冻

配法：取8g明胶，浸在40mL蒸馏水中，经2～3小时后，加入50g纯甘油和1g结晶状酚，放在水浴锅中加热，过滤并冷却。

制好的甘油胶冻，趁热装进试剂瓶里，将瓶略倾斜，使凝结成斜面以便在封固标本时，可方便地取出一小块应用。

甘油胶冻可用于封固线虫、单殖吸虫、黏孢子虫等。

⑦ 加拿大树胶

配法：将中性的加拿大树胶，加适量二甲苯，使成豆油般浓度即可。

配好的树胶，要装在有玻璃帽的树瓶中，瓶中有一根长度适宜的玻棒。使用时，用玻棒蘸1滴到载片上，涂面向下盖上盖片。

加拿大树胶可用于封固制成的切片、涂片和整体片。

⑧ 弗氏胶

封单殖吸虫用，但保存时间不宜过长

配法：阿拉伯明胶24g，溶于蒸馏水40mL，完全融化后，加入含水三氯乙醛60g和纯甘油16mL混合液。

附录四　与组织切片制作相关的试剂溶液

1. 改良的Mayer苏木素染液

A液：

苏木素	1g
无水酒精	20mL

B液：

钾明矾	50g
蒸馏水	300mL

A、B两液分别溶解后混合，煮沸3～5分钟，加入蒸馏水至1 000mL，最后再加入0.2g碘酸钠，常温保存，备用。

2. 0.5%水溶性伊红染液

伊红	1g
70%～75%酒精	100mL

先将伊红用少量蒸馏水调成浆糊状，再加入酒精，边加边搅拌，直到彻底溶解，此时试剂有些浑浊，取不滴冰醋酸，加入到试剂中去，试剂逐渐转变为清亮，呈鲜红色，常温保存，备用。

3. 1%盐酸－酒精分化液

浓盐酸	0.5mL
70%酒精	45.5mL

按以上试剂组分量取浓盐酸和酒精，配制完成后，常温保存，备用。

附录五　NY5071—2002 无公害食品 渔用药物使用准则

1. 范围

本标准规定了渔用药物使用的基本原则、渔用药物的使用方法以及禁用渔药。

本标准适用于水产增养殖中的健康管理及病害控制过程中的渔药使用。

2. 规范性引用文件

下列文件中的条款通过本标准的引用而成为标准的条款。凡是注日期的引用文件，其随后所有的修改单(不包括勘误的内容)或修订版均不适用于本标准，然而，鼓励根据本标准达成协议的各方研究是否可使用这些最新版本。凡是不注日期的引用文件，其最新版本适用于本标准。

NY 5070　无公害食品　水产品中渔药残留限量

NY 5072　无公害食品　渔用配合饲料安全限量

3. 术语和定义

下列术语和定义适用于本标准。

3.1　渔用药物 fishery drugs

用以预防、控制和治疗水产动植物的病、虫、害，促进养殖品种健康生长，增强机体抗病能力以及改善养殖水体质量的一切物质，简称"渔药"。

3.2　生物源渔药 biogenic fishery medicines

直接利用生物活体或生物代谢过程中产生的具有生物活性的物质或从生物体提取的物质作为防治水产动物病害的渔药。

3.3　渔用生物制品 fishery biopreparate

应用天然或人工改造的微生物、寄生虫、生物毒素或生物组织及其代谢产物为原材料，采用生物学、分子生物学或生物化学等相关技术制成的、用于预防、诊断和治疗水产动物传染病和其他有关疾病的生物制剂。它的效价或安全性应采用生物学方法检定并有严格的可靠性。

3.4　休药期 withdrawal time

最后停止给药日至水产品作为食品上市出售的最短时间。

4. 渔用药物使用基本原则

4.1　渔用药物的使用应以不危害人类健康和不破坏水域生态环境为基本原则。

4.2　水生动植物增养殖过程中对病虫害的防治，坚持"以防为主，防治结合"。

4.3　渔药的使用应严格遵循国家和有关部门的有关规定，严禁生产、销售和使用未经取得生产许可证、批准文号与没有生产执行标准的渔药。

4.4　积极鼓励研制、生产和使用"三效"(高效、速效、长效)、"三小"(毒性小、副作用小、用量小)的渔药，提倡使用水产专用渔药、生物源渔药和渔用生物制品。

4.5　病害发生时应对症用药，防止滥用渔药与盲目增大用药量或增加用药次数、延长用药时间。

4.6　食用鱼上市前，应有相应的休药期。休药期的长短，应确保上市水产品的药物残留限量符合NY5070要求。

4.7　水产饲料中药物的添加应符合NY5072要求，不得选用国家规定禁止使用的药物或添加剂，也不得在饲料中长期添加抗菌药物。

5.渔用药物使用方法

各类渔用药使用方法见表1。

表1　渔用药物使用方法

渔药名称	用　途	用法与用量	休药期／d	注意事项
氧化钙(生石灰) calcii oxydum	用于改善池塘环境，清除敌害生物及预防部分细菌性鱼病	带水清塘：200mg/L~250mg/L(虾类：350m/L~400mg/L) 全池泼洒：20mg/L(虾类：15mg/L~30mg/L)		不能与漂白粉、有机氯、重金属盐、有机络合物混用。
漂白粉 bleaching powder	用于清塘、改善池塘环境及防治细菌性皮肤病、烂鳃病出血病	带水清塘：20mg/L 全池泼洒：1.0mg/L~1.5mg/L	≥5	1.勿用金属容器盛装。 2.勿与酸、铵盐、生石灰混用。
二氯异氰尿酸钠 sodium dichloroisocya nurate	用于清塘及防治细菌性皮肤溃疡病、烂鳃病、出血病	全池泼洒：0.3mg/L~0.6mg/L	≥10	勿用金属容器盛装。
三氯异氰尿酸 trichlorosisocy anuric acid	用于清塘及防治细菌性皮肤溃疡病、烂鳃病、出血病	全池泼洒：0.2mg/L~0.5mg/L	≥10	1.勿用金属容器盛装。 2.针对不同的鱼类和水体的pH,使用量应适当增减。
二氧化氯 chlorine dioxide	用于防治细菌性皮肤病、烂鳃病、出血病	浸浴：20mg/L~40mg/L,5min~10min 全池泼洒：0.1mg/L~0.2mg/L,严重时0.3mg/L~0.6mg/L	≥10	1.勿用金属容器盛装。 2.勿与其他消毒剂混用。
二溴海因	用于防治细菌性和病毒性疾病	全池泼洒：0.2mg/L~0.3mg/L		
氯化钠(食盐) sodium choiride	用于防治细菌、真菌或寄生虫疾病	浸浴：1%~3%，5min~20min		

（续）

渔药名称	用　途	用法与用量	休药期／d	注意事项
硫酸铜(蓝矾、胆矾、石胆) copper sulfate	用于治疗纤毛虫、鞭毛虫等寄生性原虫病	浸浴：8mg/L(海水鱼类：8mg/L~10mg/L),15min~30min 全池泼洒： 0.5mg/L~0.7mg/L(海水鱼类：0.7mg/L~1.0mg/L)		1.常与硫酸亚铁合用。 2.广东鲂慎用。 3.勿用金属容器盛装。 4.使用后注意池塘增氧。 5.不宜用于治疗小瓜虫病。
硫酸亚铁(硫酸低铁、绿矾、青矾) ferrous sulphate	用于治疗纤毛虫、鞭毛虫等寄生性原虫病	全池泼洒：0.2mg/L(与硫酸铜合用)		1.治疗寄生性原虫病时需与硫酸铜合用。 2.乌鳢慎用。
高锰酸钾(锰酸钾、灰锰氧、锰强灰) potassium permanganate	用于杀灭锚头鳋	浸浴： 10mg/L~20mg/L,15min~30min 全池泼洒：4mg/L~7mg/L		1.水中有机物含量高时药效降低。 2.不宜在强烈阳光下使用。
四烷基季铵盐络合碘(季铵盐含量为50％)	对病毒、细菌、纤毛虫、藻类有杀灭作用	全池泼洒：0.3mg/L(虾类相同)		1.勿与碱性物质同时使用。 2.勿与阴性离子表面活性剂混用。 3.使用后注意池塘增氧。 4.勿用金属容器盛装。
大蒜 crow's treacle,garlic	用于防治细菌性肠炎	拌饵投喂：10g/kg体重~30g/kg体重，连用4d~6d(海水鱼类相同)		
大蒜素粉 (含大蒜素10％)	用于防治细菌性肠炎	0.2g/kg体重，连用4d~6d(海水鱼类相同)		
大黄 medicinal rhubarb	用于防治细菌性肠炎、烂鳃	全池泼洒： 2.5mg/L~4.0mg/L(海水鱼类相同) 拌饵投喂：5g/kg体重~10g/kg体重，连用4d~6d(海水鱼类相同)		投喂时常与黄芩、黄柏合用(三者比例为5∶2∶3)。

（续）

渔药名称	用　途	用法与用量	休药期/d	注意事项
黄芩 raikai skullcap	用于防治细菌性肠炎、烂鳃、赤皮、出血病	拌饵投喂：2g/kg体重~4g/kg体重，连用4d~6d(海水鱼类相同)		投喂时常与大黄、黄柏合用(三者比例为2：5：3)。
黄柏 amur corktree	用防防治细菌性肠炎、出血	拌饵投喂：3g/kg体重~6g/kg体重，连用4d~6d(海水鱼类相同)		投喂时常与大黄、黄芩合用(三者比例为3：5：2)。
五倍子 Chinese sumac	用于防治细菌性烂鳃、赤皮、白皮、疖疮	全池泼洒：2mg/L~4mg/L(海水鱼类相同)		
穿心莲 common androgaphis	用于防治细菌性肠炎、烂鳃、赤皮	全池泼洒：15mg/L~20mg/L 拌饵投喂：10g/kg体重~20g/kg体重，连用4d~6d		
苦参 lightyellow sophora	用于防治细菌性肠炎、竖鳞	全池泼洒：1.0mg/L~1.5mg/L 拌饵投喂：1g/kg体重~2g/kg体重，连用4d~6d		
土霉素 oxytetracycline	用于治疗肠炎病、弧菌病	拌饵投喂：50mg/kg体重~80mg/kg体重，连用4d~6d(海水鱼类相同，虾类：50mg/kg体重~80mg/kg体重，连用5d~10d)	≥30(鳗鲡) ≥21(鲶鱼)	勿与铝、镁离子及卤素、碳酸氢钠、凝胶合用。
噁喹酸 oxolinic acid	用于治疗细菌肠炎病、赤鳍病、香鱼、对虾弧菌病，鲈鱼结节病，鲕鱼疖疮病	拌饵投喂：10mg/kg体重~30mg/kg体重，连用5d~7d(海水鱼类1mg/kg体重~20mg/kg体重；对虾：6mg/kg体重~60mg/kg体重，连用5d)	≥25(鳗鲡) ≥21(鲤鱼、香鱼) ≥16(其他鱼类)	用药量视不同的疾病有所增减。
磺胺嘧啶 (磺胺哒嗪) sulfadiazine	用于治疗鲤科鱼类的赤皮病、肠炎病，海水鱼链球菌病	拌饵投喂：100mg/kg体重连用5d(海水鱼类相同)		1.与甲氧苄氨嘧啶(TMP)同用，可产生增效作用。 2.第一天药量加倍。

鱼病诊治彩色图谱

（续）

渔药名称	用　途	用法与用量	休药期／d	注意事项
磺胺甲噁唑（新诺明、新明磺）sulfamethoxazole	用于治疗鲤科鱼类的肠炎病	拌饵投喂：100m/kg体重，连用5d~7d		1.不能与酸性药物同用。 2.与甲氧苄氨嘧啶（TMP）同用，可产生增效作用。 3.第一天药量加倍。
磺胺间甲氧嘧啶（制菌磺、磺胺-6-甲氧嘧啶）sulfamonometh、oxine	用鲤科鱼类的竖鳞病、赤皮病及弧菌病	拌饵投喂：50m/kg体重~100mg/kg体重，连用4d~6d	≥37（鳗鲡）	1.与甲氧苄氨嘧啶（TMP）同用，可产生增效作用。 2.第一天药量加倍。
氟苯尼考florfenicol	用于治疗鳗鲡爱德华氏病、赤鳍病	拌饵投喂：10.0mg/kg体重，连用4d~6d	≥7（鳗鲡）	
聚维酮碘(聚乙烯吡咯烷酮碘、皮维碘、PVP-1、伏碘)（有效碘1.0%）povidone-iodine	用于防治细菌烂鳃病、弧菌病、鳗鲡红头病。并可用于预防病毒病：如草鱼出血病、传染性胰腺坏死病、传染性造血组织坏死病、病毒性出血败血症	全池泼洒：海、淡水幼鱼、幼虾：0.2mg/L~0.5mg/L 海、淡水成鱼、成虾：1mg/L~2mg/L 鳗鲡：2mg/L~4mg/L 浸浴： 草鱼种：30mg/L，15min~20min 鱼卵： 30mg/L~50mg/L(海水鱼卵25mg/L~30mg/L),5min~15min		1.勿与金属物品接触。 2.勿与季铵盐类消毒剂直接混合使用。

注1：用法与用量栏未标明海水鱼类与虾类的均适用于淡水鱼类。

注2：休药期为强制性。

6.禁用渔药

严禁使用高毒、高残留或具有三致毒性(致癌、致畸致突变)的渔药。严禁使用对水域环境有严重破坏而又难以修复的渔药，严禁直接向养殖水域泼洒抗菌素，严禁将新近开发的人用新药作为渔药的主要或将要成分。禁用渔药见表2。

表2　禁用渔药

药物名称	化学名称（组成）	别　名
地虫硫磷 fonofos	0-2基-S苯基二硫代磷酸乙酯	大风雷
六六六 BHC(HCH) Benzem,bexachloridge	1,2,3,4,5,6-六氯环己烷	
林丹 lindane,agammaxare, gamma-BHC gamma-HCH	γ-1,2,3,4,5,6-六氯环己烷	丙体六六六
毒杀芬 camphechlor(ISO)	八氯莰烯	氯化莰烯
滴滴涕 DDT	2,2-双（对氯苯基)-1,1,1-三氯乙烷	
甘汞 calomel	二氯化汞	
硝酸亚汞 mercurous nitrate	硝酸亚汞	
醋酸汞 mercuric acetate	醋酸汞	
呋喃丹 carbofuran	2,3-氢-2,2-二甲基-7-苯并呋喃-甲基氨基甲酸酯	克百威、大扶农
杀虫脒 chlordimeform	N-(2-甲基-4-氯苯基)N',N'-二甲基甲脒盐酸盐	克死螨
双甲脒 anitraz	1,5-双-(2,4-二甲基苯基)-3-甲基1,3,5-三氮戊二烯-1,4	二甲苯胺脒
氟氯氰菊酯 flucythrinate	(R，S)-α-氰基-3-苯氧苄基-(R，S)-2-(4-二氟甲氧基)-3-甲基丁酸酯	保好江乌　氟氰菊酯
五氯酚钠 PCP-Na	五氯酚钠	
孔雀石绿 malachite green	$C_{23}H_{25}ClN_2$	碱性绿、盐基块绿、孔雀绿
锥虫胂胺 tryparsamide		
酒石酸锑钾 anitmonyl potassium tartrate	酒石酸锑钾	
磺胺噻唑 sulfathiazolum ST,norsultazo	2-(对氨基苯碘酰胺)-噻唑	消治龙

（续）

药物名称	化学名称（组成）	别　名
磺胺脒 sulfaguanidine	N_1-脒基磺胺	磺胺胍
呋喃西林 furacillinum,nitrofurazone	5-硝基呋喃醛缩氨基脲	呋喃新
呋喃唑酮 furazolidonum,nifulidone	3-(5-硝基糠叉胺基)-2-噁唑烷酮	痢特灵
呋喃那斯 furanace,nifurpirinol	6-羟甲基-2-[-5-硝基-2-呋喃基乙烯基]吡啶	P-7138 （实验名）
氯霉素 （包括其盐、酯及制剂） chloramphennicol	由委内瑞拉链霉素生产或合成法制成	
红霉素 erythromycin	属微生物合成，是 *Streptomyces eyythreus* 生产的抗生素	
杆菌肽锌 zinc bacitracin premin	由枯草杆菌 *Bacillus subtilis* 或 *B.leicheniformis* 所产生的抗生素，为一含有噻唑环的多肽化合物	枯草菌肽
泰乐菌素 tylosin	S.fradiae 所产生的抗生素	
环丙沙星 ciprofloxacin(CIPRO)	为合成的第三代喹诺酮类抗菌药，常用盐酸盐水合物	环丙氟哌酸
阿伏帕星 avoparcin		阿伏霉素
喹乙醇 olaquindox	喹乙醇	喹酰胺醇羟乙喹氧
速达肥 fenbendazole	5-苯硫基-2-苯并咪唑	苯硫哒唑氨甲基甲酯
己烯雌酚 （包括雌二醇等其他类似合成等雌性激素） diethylstilbestrol,stilbestrol	人工合成的非甾体雌激素	乙烯雌酚，人造求偶素
甲基睾丸酮 （包括丙酸睾丸素、去氢甲睾酮以及同化物等雄性激素） methyltestosterone,metandren	睾丸素 C_{17} 的甲基衍生物	甲睾酮甲基睾酮

附录六　NY5070-2002　无公害食品 水产品中渔药残留限量

1．范围

本标准规定了无公害水产品中渔药及通过环境污染造成的药物残留的最高限量。

2．规范性引用文件

下列文件中的条款通过本标准的引用而成为本标准的条款。凡是注日期的引用文件，其随后所有的修改单（不包括勘误的内容）或修订版均不适用于本标准，然而，鼓励根据本标准达成协议的各方研究是否可使用这些文件的最新版本。凡是不注日期的引用文件，其最新版本适用于本标准。

NY 5029—2001　无公害食品　猪肉

NY 5071　无公害食品　渔用药物使用准则

SC/T 3303—1997　冻烤鳗

SN/T 0179—1993　出口肉中喹乙醇残留量检验方法

SN 0206—1993　出口活鳗鱼中噁喹酸残留量检验方法

SN 0208—1993　出口肉中十种磺胺残留量检验方法

SN 0530—1996　出口肉品中呋喃唑酮残留量的检验方法　液相色谱法

3．术语和定义

下列术语和定义适用于本标准。

3.1　渔用药物 fishery drugs

用以预防、控制和治疗水产动、植物的病、虫、害，促进养殖品种健康生长，增强机体抗病能力以及改改善养殖水体质量的一切物质，简称"渔药"。

3.2　渔药残留 residues of fishery drugs

在水产品的任何食用部分中渔药的原型化合物或/和其代谢产物，并包括与药物本体有关杂质的残留。

3.3　最高残留限量 maximum residue Limit，MRL

允许存在于水产品表面或内部（主要指肉与皮或/和性腺）的该药（或标志残留物）的最高量/浓度（以鲜重计，表示为：μg/kg 或 mg/kg）。

4．要求

4.1　渔药使用

水产养殖中禁止使用国家、行业颁布的禁用药物，渔药使用时按 NY 5071 的要求进行。

4.2　水产品中渔药残留限量要求

水产品中渔药残留限量要求见表1。

表1　水产品中渔药残留限量

药物类别		药物名称		指标 (MRL)/(μg/kg)
		中文	英文	
抗生素类	四环素类	金霉素	Chlortetracycline	100
		土霉素	Oxytetracycline	100
		四环素	Tetracycline	100
	氯霉素类	氯霉素	Chloramphenicol	不得检出
磺胺类及增效剂		磺胺嘧啶	Sulfadiazine	100 （以总量计）
		磺胺甲基嘧啶	sulfamerazine	
		磺胺二甲基嘧啶	Sulfadimidine	
		磺胺甲噁唑	Sulfamethoxaozole	
		甲氧苄啶	Trimethoprim	50
喹诺酮类		噁喹酸	Oxilinic acid	300
硝基呋喃类		呋喃唑酮	Furazolidone	不得检出
其他		己烯雌酚	Diethylstilbestrol	不得检出
		喹乙醇	Olaquindox	不得检出

5．检测方法

5.1　金霉素、土霉素、四环素

金霉素测定按NY 5029—2001附录B中规定执行，土霉素、四环素按SC/T 3303—1997中附录A规定执行。

5.2　氯霉素

氯霉素残留量的筛选测定方法按本标准中附录A执行，测定按NY 5029—2001中附录D（气相色谱法）的规定执行。

5.3　磺胺类

磺胺类中的磺胺甲基嘧啶、磺胺二甲基嘧啶的测定按SC/T 3303的规定执行，其他磺胺类按SN/T 0208的规定执行。

5.4　噁喹酸

噁喹酸的测定SN/T 0206的规定执行。

5.5　呋喃唑酮

呋喃唑酮的测定SN/T 0530的规定执行。

5.6　己烯雌酚

己烯雌酚留量的筛选测定方法按本标准中附录B规定执行。

5.7　喹乙醇

喹乙醇的测定SN/T 0197的规定执行。

6．检验规则

6.1　检验项目

按相应的产品标准的规定项目进行。

6.2　抽样

6.2.1　组批原则

同一水产养殖场内，在品种、养殖时间、养殖方法基本方式基本相同的养殖水产品为一批（同一养殖池，或多个养殖池）；水产加工品按批号抽样，在原料及生产条件基本相同下同一天或同一班组生产的产品为一批。

6.2.2 抽样方法

6.2.2.1 养殖水产品

随机从各养殖池抽取有代表性的样品，取样量见表2。

表2 取样量

生物数量/（尾、只）	取样量/（尾、只）
500 以内	2
500 ～ 1 000	4
1 001 ～ 5 000	10
5 001 ～ 10 000	20
≥ 10 001	30

6.2.2.2 水产加工品

每批抽取样本以箱为单位，100箱以内取3箱，以后每增加100箱（包括不足100箱）则抽1箱。

按所取样本从每箱内各抽取样品不少于3件，每批取样量不少于10件。

6.3 取样和样品的处理

采集的样品应分成两等份，其中一份作为留样。从样本中取有代表性的样品，装入适当容器，并保证每份样品都能满足分析的要求；样品的处理按规定的方法进行，通过细切、绞肉机绞碎、缩分，使其混合均匀；鱼、虾、贝、藻等各类样品量不少于200g。各类样品的处理方法如下：

a）鱼类：先将鱼体表面杂质洗净，去掉鳞、内脏，取肉（包括脊背和腹部）肉和皮一起绞碎，特殊要求除外。

b）龟鳖类：去头、放出血液，取其肌肉包括裙边，绞碎后进行测定。

c）虾类：洗净后，去头、壳，取其肌肉进行测定。

d）贝类：鲜的、冷冻的牡蛎、蛤蜊等要把肉和体液调制均匀后进行分析测定。

e）蟹：取肉和性腺进行测定。

f）混匀的样品，如不及时分析，应置于清洁、密闭的玻璃容器，冰冻保存。

6.4 判定规则

按不同产品的要求所检的渔药残留各指标均应符合本标准的要求，各项指标中的极限值采用修约值比较法。超过限量标准规定时，允许加倍抽样将此项指标复验一次，按复验结果判定本批产品是否合格。经复检后所检指标仍不合格产品判为不合格品。

附录七 美国部分兽药最高残留限量标准

药物名称	MRL（μg/kg）		参考文献
	肌肉	可食性组织	
羟氨苄青霉素 Amoxicillin		10	21 CFR 556.38
氨丙啉 Amprolium	500		21 CFR 556.50
杆菌肽 Bacitracin		500	21 CFR 556.70
金霉素 土霉素 四环素 Chlorletracycline，Oxytetracycline，Tetracycline	200		21 CFR 556.150
邻氯青霉素 Cloxacillin		10	21 CFR 556.165
敌敌畏 Dichlorvos		100	21 CFR 556.180
红霉素 Erythromycin		100	21 CFR 556.230
乙氧喹啉 Ethoxyquin	500		21 CFR 556.140
氟苯尼考（氟甲砜霉素）Florfenicol	300		21 CFR 556.283
呋喃唑酮 Furazolidone	100		21 CFR 556.290
硫酸庆大霉素 Gentamicin sulfate	100		21 CFR 556.300
伊维菌素 Ivermectin	10		21 CFR 556.344
新霉素 Neomycin	1200		21 CFR 556.430
新生霉素 Novobiocin		1000	21 CFR 556.460
尼卡巴嗪 Nicarbazin	4000		21 CFR 556.445
奥美普林，甲黎嘧啶，二甲氧甲基苯氨嘧啶 Ormetoprim		100	21 CFR 556.490
磺胺氯哒嗪 Sulfachlorpyridazine	2000	100	21 CFR 556.630

（续）

药物名称	MRL（μg/kg）		参考文献
	肌肉	可食性组织	
青霉素 Penicillin		50	21 CFR 556.510
链霉素 Streptomycin	500	500	21 CFR 556.610
磺胺溴二甲嘧啶 Sulfabromo 2 methazine sodium		100	21 CFR 556.620
磺胺间二甲氧嘧啶 Sulfadimethoxine		100	21 CFR 556.640
磺胺二甲嘧啶 Sulfamethazine		100	21 CFR 556.670
磺胺喹噁啉 Sulfaquinoxaline		100	21 CFR 556.685
磺胺噻唑 Sulfathiazole		100	21 CFR 556.690

附录八 欧盟禁止使用的兽药及其他化合物的名单

中文名	英文名
阿伏霉素	Avoparcin
卡巴多	Carbadox
杆菌肽锌（禁止作饲料添加药物使用）	Bacitracin zinc
维吉尼亚霉素（禁止作饲料添加药物使用）	Virginiamycin
阿普西特	Arprinocide
洛硝达唑	Ronidazole
喹乙醇	Olaquindox
螺旋霉素（禁止作饲料添加药物使用）	Spiramycin
磷酸泰乐菌素（禁止作饲料添加药物使用）	Tylosin phosphate
二硝托胺	Dinitolmide
异丙硝唑	Ipronidazole
氯羟吡啶	Meticlopidol
氯羟吡啶/苄氧喹甲酯	Meticlopidol/Mehtylbenzoquate
氨丙啉	Amprolium
氨丙啉/乙氧酰胺苯甲酯	Amprolium/ethopabate
地美硝唑	Dimetridazole
尼卡巴嗪	Nicarbazin
二苯乙烯类及其衍生物、盐和酯；如己烯雌酚等	Stilbenes，Diethylstilbestrol
抗甲状腺类药物，如甲巯咪唑/普萘洛尔等	Antithyroid agent/Propranolol
二羟基苯甲酸内酯，如玉米赤霉醇	Resorcylicacid Lactones/Zeranol
类固醇类/如雌激素/雄激素/孕激素等	Steroids/Estradiol/Testosterone/Proges-terone

（续）

中文名	英文名
β-兴奋剂类，如克仑特罗/沙丁胺醇/喜马特罗等	β-Agonists/Clenbuterol/Salbutamol/Cimaterol
兜铃属植物及其制剂	Aristolochia spp
氯仿	Chloroform
氯霉素	Chloramphenicol
秋水仙碱	Colchicine
氨苯砜	Dapsone
甲硝咪唑	Metronidazole
氯丙嗪	Chlorpromazine
硝基呋喃类	Nitrofurans

附录九 欧盟部分兽药最高残留限量标准

兽药类别	药物活性物质	标记残留物	动物种类	MRL（μg/kg）	组织
磺胺类药物 Sulfonamides	属于磺胺类的所有药物	本体药物（磺胺类所有药物的总残留量）	所有供食用的动物	100	肌肉
二氨基嘧啶 Diamino pyrimidine	甲氧苄氨嘧啶	甲氧苄氨嘧啶	带鳍鱼类	50	肌肉和皮成自然比例
青霉素 Penicillins	羟氨苄青霉素	羟氨苄青霉素	所有供食用的动物	50	肌肉
	氨苄青霉素	氨苄青霉素			
	苄青霉素	苄青霉素			
	邻氯青霉素	邻氯青霉素			
	双氯青霉素	双氯青霉素			
	苯唑青霉素	苯唑青霉素			
头孢霉菌素 Cephalosporins	恩诺沙星	恩诺沙星和环丙沙星的总量	所有供食用的动物	100	肌肉
	氟甲喹	氟甲喹	鲑科动物	600	肌肉和皮成自然比例
	沙拉沙星	沙拉沙星	鲑科动物	30	肌肉和皮成自然比例
氟甲砜霉素和相关化合物 Florfenicol	氟甲砜霉素	氟甲砜霉素和它的代谢物的和，以氟甲砜霉素计	带鳍的鱼	1000	
	甲砜霉素			50	
四环素类 Tetracyclines	金霉素	本体药物及4-差向异构体之和	所有供食用的动物	100	肌肉
	土霉素				
	四环素				

（续）

兽药类别	药物活性物质	标记残留物	动物种类	MRL（μg/kg）	组织
拟除虫菊酯 Pyrethroids	溴氰菊酯	溴氰菊酯	带鳍鱼类	10	肌肉和皮 成自然比例
酰基脲衍生物 Acylurea	除虫脲	除虫脲	带鳍鱼类	500	肌肉和皮 成自然比例
喹诺酮类 Quinolones	噁喹酸	噁喹酸	带鳍鱼类	300	肌肉和皮 成自然比例

参 考 文 献

杜军. 2004. 鱼病看图防治 [M]. 成都：四川科学技术出版社：1-106.

黄琪琰. 1999. 鱼病诊断与防治图谱 [M]. 北京：中国农业出版社：1-135.

江育林, 陈爱平. 2003. 水生动物疾病诊断图鉴 [M]. 北京：中国农业出版社：8-205.

世界动物卫生组织. 2000. 水生动物疾病诊断手册 [M]. 国家质量监督检验检疫总局，译. 第3版. 北京：中国农业出版社：38-139.

王伟俊. 2006. 淡水鱼病防治彩色图说 [M]. 北京：中国农业出版社：1-94.

杨先乐. 2008. 水产养殖用药处方大全 [M]. 北京：化学工业出版社：1-440.

畑井喜司雄, 小川和夫. 2007. 新鱼病图谱 [M]. 任晓明，主译. 北京：中国农业大学出版社：1-296.

George Post. 1987. Fish health[M]. USA:T.F.H. Publications, Inc: 11-282.

Leatherland J. F, Woo P. T. K. 1998. Fish disease and disorders[M]. 2nd ed. Ithaca: Cornstock Publishing Associates: 1-527.

图书在版编目（CIP）数据

鱼病诊治彩色图谱／汪开毓，耿毅，黄锦炉主编
. —北京：中国农业出版社，2011.6（2021.11重印）
（动物疾病诊治彩色图谱经典）
ISBN 978-7-109-15588-6

Ⅰ. ①鱼…　Ⅱ. ①汪…②耿…③黄…　Ⅲ. ①鱼病－
诊疗－图谱　Ⅳ. ① S942

中国版本图书馆CIP数据核字（2011）第064554号

中国农业出版社出版
（北京市朝阳区农展馆北路2号）
（邮政编码 100125）
责任编辑　黄向阳

中农印务有限公司印刷　新华书店北京发行所发行
2012年1月第1版　2021年11月北京第7次印刷

开本：787mm×1092mm 1/16　印张：14
字数：410千字
定价：168.00元
（凡本版图书出现印刷、装订错误，请向出版社发行部调换）